星载/地基雷达干涉变形监测方法与应用

黄其欢　谢新宇　樊恒通　著

科学出版社

北　京

内 容 简 介

本书系统地总结了作者近年来利用星载/地基雷达干涉技术进行变形监测的研究成果。书中重点阐述星载/地基雷达系统、雷达数据获取、合成孔径雷达（SAR）干涉变形监测技术与数据处理方法；论述永久散射体法（PS-InSAR）和短基线法（SBAS-InSAR）两种时间序列分析方法，并将时间序列分析方法应用于大型桥梁的变形监测和分析，提出利用星载SAR干涉技术进行大型桥梁健康诊断的新方法。书中还对地基雷达大气延迟问题以及大型建（构）筑物振动、变形监测的应用进行较为深入的研究和分析。

本书可作为高等院校测绘工程专业本科生和研究生的参考用书，也可供测绘、遥感相关专业技术人员参考。

图书在版编目（CIP）数据

星载/地基雷达干涉变形监测方法与应用/黄其欢，谢新宇，樊恒通著.—北京：科学出版社，2019.3

ISBN 978-7-03-060900-7

Ⅰ. ①星… Ⅱ. ①黄… ②谢… ③樊… Ⅲ. ①雷达技术-遥感技术-变形观测-应用-研究 Ⅳ. ①P227

中国版本图书馆 CIP 数据核字（2019）第 051339 号

责任编辑：王腾飞 沈 旭 邢 华/责任校对：杜子昂

责任印制：吴兆东/封面设计：许 瑞

科学出版社 出版

北京东黄城根北街 16 号

邮政编码：100717

http://www.sciencep.com

北京厚诚则铭印刷科技有限公司印刷

科学出版社发行 各地新华书店经销

*

2019 年 3 月第 一 版 开本：720×1000 1/16

2025 年 1 月第五次印刷 印张：8 1/4

字数：167000

定价：79.00 元

（如有印装质量问题，我社负责调换）

前　言

城市基础设施是人居环境的重要组成部分，基础设施的结构健康问题直接关系城市环境和社会经济的可持续发展。获取城市重大基础设施高精度、高时空分辨率的变形信息，是基础设施结构健康监测的重要组成部分。

雷达干涉技术通过计算两次回波信号的相位差，可提取观测期间高精度的变形信息。置于不同观测平台的雷达传感器，可探测的面积、时间和空间分辨率等也不同，这大大促进了雷达干涉技术的广泛应用。

本书在总结星载/地基雷达干涉变形监测技术原理、数据处理方法的基础上，重点研究短基线差分干涉和永久散射体（permanent scatter, PS）差分干涉两种时间序列分析方法。本书利用星载 SAR 时间序列分析方法，开展大型铁路桥梁的变形监测研究，获取南京大胜关大桥的时空变形特性，并以此为基础，建立该桥梁的变形模型，提出利用星载 SAR 干涉技术进行大型桥梁健康诊断的新方法。另外，本书针对地基雷达的变形监测应用，主要从动态和静态两方面，分别对桥梁拉索的振动监测和大坝的长时间变形进行较为深入的研究。

感谢国家自然科学基金项目（41304025）、江苏省自然科学基金项目（BK20130831）、中国电建集团中南勘测设计研究院有限公司研发项目（YFHT-1883）、中央高校基本科研业务费专项资金（2018B18814，2018B699X14）、江苏省研究生科研与实践创新计划项目（KYCX18_0619）的大力支持。

本书是课题组全体同志集体研究的成果总结，研究生付五洲、希尔艾力、刘学敏、夏磊凯、周伟、王一安、江剑锋、王青青、郭剑、刘闹、王雪瑞等参与了部分研究及实验工作，江剑锋对本书的检校出版做了大量工作。本书参阅了大量技术文献，在此，对文献作者表示衷心的感谢。

书中部分研究成果得到了加泰罗尼亚通信技术研究中心（Centre Tecnològic de Telecomunicacions de Catalunya，CTTC）同仁的大力帮助，并对他们表示由衷的感谢。

由于作者理论和技术水平有限，书中疏漏之处在所难免，敬请读者批评指正。

作　者

2018 年 10 月 16 日

目　录

前言
第1章　绪论……1
1.1　研究的目的与意义……1
1.2　星载SAR干涉研究进展……2
1.2.1　星载InSAR变形监测技术研究现状……2
1.2.2　Sentinel-1干涉技术研究现状……4
1.2.3　InSAR技术用于桥梁变形监测研究现状……5
1.3　地基SAR干涉研究进展……6
参考文献……7
第2章　SAR干涉测量变形监测基础……12
2.1　星载SAR干涉测量原理……12
2.1.1　星载SAR成像原理……12
2.1.2　星载SAR干涉测量原理及模式……14
2.1.3　星载SAR干涉变形监测……18
2.1.4　星载SAR形变向量分解……20
2.2　星载SAR干涉测量数据处理……21
2.2.1　数据的选择及读取……22
2.2.2　影像配准和重采样……22
2.2.3　干涉生成干涉图……22
2.2.4　干涉图相位解缠……23
2.2.5　地理编码……24
2.3　几种星载SAR系统……24
2.3.1　ERS-1/2……24
2.3.2　ENVISAT……25
2.3.3　RADARSAT……25
2.3.4　ALOS……25
2.3.5　COSMO-SkyMed……26

2.3.6 TerraSAR-X …… 26
2.3.7 哨兵 1 号（Sentinel-1） …… 27
2.4 地基 SAR 变形监测技术方法 …… 30
2.4.1 地基 SAR 成像原理 …… 30
2.4.2 地基 SAR 变形监测原理 …… 32
2.5 几种地基雷达变形监测系统 …… 33
2.5.1 IBIS-S 系统 …… 33
2.5.2 LISA 系统 …… 34
2.5.3 IBIS-L 系统 …… 34
2.5.4 SSR 系统 …… 35
2.5.5 GPRI 系统 …… 36
2.5.6 RiskSAR 系统 …… 36
2.6 小结 …… 37
参考文献 …… 37
第 3 章 SAR 干涉时间序列分析法 …… 39
3.1 SAR 干涉局限性与时间序列分析 …… 39
3.1.1 SAR 干涉变形监测的局限性 …… 39
3.1.2 SAR 干涉时间序列分析法 …… 40
3.2 短基线 SAR 干涉变形监测方法 …… 41
3.2.1 基本原理 …… 41
3.2.2 短基线 DInSAR 变形估计算法 …… 43
3.2.3 相干系数与双阈值法相干像元提取 …… 46
3.2.4 残余相位分离 …… 48
3.3 PS-InSAR 变形监测方法 …… 49
3.3.1 PS-InSAR 变形监测算法 …… 49
3.3.2 振幅离差指数法 PS 点选取 …… 51
3.4 邻域差分 InSAR 时间序列分析 …… 52
3.4.1 基于 Delaunay 三角网的邻域差分原理 …… 52
3.4.2 线性形变速率和 DEM 误差估计过程 …… 54
3.5 干涉相位重建 …… 56
3.5.1 2D 相位解缠 …… 56
3.5.2 离散像元组网 …… 57

3.5.3 1D 检核与校正 …… 58
3.5.4 2D+1D 相位解缠算例 …… 60
3.6 小结 …… 62
参考文献 …… 62
第 4 章 星载 SAR 大型桥梁变形监测与分析 …… 64
4.1 大胜关长江大桥概况 …… 64
4.2 主桥变形时间序列特性分析与健康监测 …… 65
4.2.1 主桥变形时间序列特性 …… 65
4.2.2 主桥变形建模与健康监测 …… 69
4.3 基于全桥变形模型的大型桥梁健康诊断方法 …… 71
4.4 大胜关长江大桥变形监测与健康诊断 …… 74
4.4.1 SAR 影像数据 …… 74
4.4.2 星载 SAR 桥梁监测的灵敏度分析 …… 76
4.4.3 PS 数据处理 …… 77
4.4.4 扩展 PSI 变形结果 …… 78
4.4.5 桥梁健康诊断 …… 83
4.5 小结 …… 86
参考文献 …… 86
第 5 章 地基雷达干涉变形监测应用研究 …… 89
5.1 IBIS 系统监测精度研究 …… 89
5.2 IBIS 系统信号静杂波研究 …… 92
5.2.1 静杂波相位分量 …… 92
5.2.2 静杂波对变形相位的影响实验 …… 93
5.3 海量 SAR 影像相干目标提取研究 …… 96
5.3.1 相干系数阈值法初选 …… 97
5.3.2 振幅离差指数阈值精选 …… 97
5.3.3 相干目标选取实验与分析 …… 97
5.4 稳定点加权大气延迟相位校正研究 …… 102
5.4.1 稳定点加权校正法 …… 103
5.4.2 稳定点加权大气校正实验 …… 105
5.5 地基雷达变形监测应用研究 …… 108
5.5.1 南京眼步行桥环境振动监测研究 …… 108

5.5.2　大坝变形监测应用研究 …… 112
5.6　小结 …… 116
参考文献 …… 117
第 6 章　总结 …… 119

第1章 绪　　论

1.1 研究的目的与意义

合成孔径雷达干涉（synthetic aperture radar interferometry，InSAR）技术开辟了遥感技术应用于监测地表形变的先河（舒宁，2003）。InSAR 是传统的合成孔径雷达（SAR）遥感技术与射电天文干涉技术相结合的产物，机载、星载及地基 SAR 都通过微波对地球表面主动成像，既可以记录地面分辨单元的雷达后向散射强度信息，又能记录与斜距有关的相位信息。通过对覆盖同一地区的两幅 SAR 图像联合处理，提取相位差图即干涉图，可建立数字高程模型（digital elevation model，DEM）；特别是跨越形变时的两幅 SAR 图像干涉处理得到的干涉图还包含了地表形变的信息，利用合成孔径雷达差分干涉（differential InSAR，DInSAR）技术可从中提取厘米甚至毫米级精度的地表形变信息（廖明生和林珲，2003），以揭示众多地球物理现象，如地震形变、火山运动、冰川漂移、地面下沉、山体滑坡及大型建筑物变形等。DInSAR 技术在监测地表形变方面具有高分辨率和连续空间覆盖的特点，是已有监测方法（如精密水准、GPS 等）所不具备的，且遥感探测形变覆盖面积大、成本低，因而 DInSAR 技术被认为是极具潜力的空间对地观测新技术（刘国祥等，2000）。

到 2020 年，我国高速铁路运营里程预计将达到 3 万 km，大型桥梁数量多、分布广，桥梁结构的微小变形都会对行车安全性和舒适性造成影响（魏召兰，2012）。跨越大江大河和山谷的桥梁，在整个交通线路中起到关键作用。大型桥梁在工程建设时会安装结构健康监测系统，但是，①现有监测传感器主要采用单点监测方式，采集的结构现状数据空间密度低，且成本高；②传感器在恶劣环境下长期工作，易损难修，使监测系统功能缺失、效能降低，一般桥梁健康监测系统的实际寿命比桥梁本身寿命短很多。因此，有必要探索新的桥梁结构监测方法。利用 InSAR 技术进行桥梁监测的优点主要有：①成本低，SAR 影像的大面积覆盖（100 km×100 km）可用较低的成本对全国大型桥梁进行遥测；②空间连续性好，InSAR 技术可用雷达影像像元（3 m×3 m）获取全桥空间连续的变形信息；③持续性好，InSAR 可用较高的时间分辨率（每周）长时间持续监测；④可回溯性，存档 SAR 数据可对桥梁历史健康状况进行评估，对桥梁安全事故进行追溯。

尽管 InSAR 技术在形变监测方面表现出极大的潜力，并取得了一些成功的应用，但要使该技术完全走向实用化，还受到诸多因素的影响和制约。首先，时间和空间失相干噪声影响 InSAR 变形监测的可行性，大大限制了其应用，尤其在长时间序列的城市沉降监测上，时间失相干会严重影响所获得的相位图的质量，从而影响监测的精度；其次，时间和空间上不断变化的对流层水汽引起的干涉条纹和短时间产生的微小形变混合在一起，难以区分，降低了 DInSAR 变形监测的精度；另外，受可获取 SAR 影像数量和空间分辨率的限制，InSAR 变形监测的时间和空间分辨率还难以满足实际应用的需要（葛大庆等，2008）。

为发挥雷达干涉技术在变形监测方面的大面积覆盖和高精度优势，克服星载 SAR 干涉技术存在的固有缺陷，专门针对变形监测应用的地基 SAR 技术得到了广泛关注。地基 SAR 技术是在星载 SAR 基础上发展起来的，它将干涉平台从空中移至地面，能在几分钟内获取数平方千米的高精度、高空间分辨率 SAR 影像，具有安置灵活、连续监测等优点，非常适合地形复杂、气候特殊的局部区域的实时灾害监测（周校等，2012）。

综上所述，融合星载和地基雷达干涉变形监测技术，发挥两者的优点，研究运用雷达干涉变形监测技术对大型建（构）筑物进行变形监测，并诊断其健康状况，具有非常重要的现实意义。

1.2　星载 SAR 干涉研究进展

1.2.1　星载 InSAR 变形监测技术研究现状

时空失相干和大气延迟是影响 InSAR 技术提取地表变形的主要因素。为提高区域变形监测的精度和可靠性，克服时空失相干及大气延迟相位对传统 InSAR 技术的影响，以永久散射体（Ferretti et al., 2000，2001）和短基线法（Berardino et al., 2002）为代表的 InSAR 时间序列分析法通过探测相干目标点的时空统计特性，获取监测点的变形信息，可有效减弱时空失相干和大气延迟的影响，极大地增强了 SAR 干涉技术的应用；Xia 等（2004）针对人工地物稀少地区，提出了人工角反射器法（CR-InSAR）；而 SqueeSAR（Ferretti et al., 2011）和 StaMPS（Hooper, 2008）通过结合 PS 法和 SBAS 法，可对分布式散射目标（distributed scatters，DS）进行有效监测；Zhang 等（2011）利用临时性相干目标（temporary coherence points，TCP）进行变形监测，不仅可以提高监测的空间密度，而且监测结果的可靠性也更高；根据大气延迟在空间尺度上表现的强相关性，Mora 等（2003）提出邻域差分组网法削弱大气延迟相位的思想，该方法可以降低大气延迟误差对形变估计的影响，同时避免了稀疏相位解缠（phase unwrap）的难题。考虑多余观测中干涉相位之差为 2π 整数倍的特点，Monserrat（2012）提出了“2D+1”维相位解缠方法，该方法能有效探测并校正相位解缠的整周跳变。国内的众多学者（刘国祥等，2007；李珊珊等，2013；黄其欢和何秀凤，2009；汤益先等，2006）针对 PS 点的选取、格网组建、多源数据融合等进行了深入而广泛的研究，极大地推进了 InSAR 技术的发展和应用。

近几年，高分辨率 SAR 影像使得对城市地物散射特征的研究更为细致，SAR 干涉技术更多地偏向于重大工程和单体建筑物的精细监测（Nitti et al., 2010；Kim et al., 2008；Schunert and Soergel, 2012）。针对 X 波段变形的高灵敏性，热膨胀参数也被增加到模型中。相关研究表明（Monserrat et al., 2011；Fornaro et al., 2013），对于建筑物、桥梁等单个大型建筑物的研究，即使是 C 波段 SAR 影像，也有必要考虑热膨胀影响。

分析雷达视线（LOS）向位移的三维空间模型，利用三维方向上各分量之间的联系，融合多源 SAR 影像联合求解三维变形也是 InSAR 研究的热点之一（刘国祥等，2012；Fialko et al., 2005；Zhu et al., 2013）。然而，由于卫星几乎沿南北飞行，三维模型对南北方向的位移不敏感，降低了模型在该方向上获取形变信息的精度。陈强等（2015）建立了利用 SAR 像素偏移量提取雷达方位向与距离向形变的误差模型，但该方法受匹配窗口尺寸与过采样因子的影响较大。

InSAR 数据处理过程复杂，影响 InSAR 变形监测结果的因素众多，如何评价监测结果的质量是 InSAR 技术在实际应用中必须解决的问题。欧洲太空署和中国国土资源航空物探遥感中心等众多研究机构和学者（葛大庆，2013）开展了 InSAR 监测成果与地面测量成果的对比研究，但因两种监测成果的参考基准、时间同步、空间密度等不一致，目前主要从变形速率的一致性进行考虑，缺少一个系统的质量评价指标体系。

近几年，由两个或更多卫星组成的 SAR 星座逐渐“常态化”，如 COSMO-SkyMed、TerraSAR-X/TanDEM-X 及 Sentinel-1 A/B 等，它们正源源不断地提供质量更高、应用更广泛的 SAR 图像。为满足快速重访需要，地球同步轨道等非传统轨道 SAR 理念逐渐被重视，随着 SAR 卫星及传感器设计的创新，必将开创 InSAR 应用的第二春。

综合国内外文献，目前 InSAR 变形监测技术的发展趋势及问题如下。

1）多源 SAR 数据融合

发展趋势：尽可能多地收集同一区域多源 SAR 数据，利用各平台 SAR 影像单独建立数据处理模型，从中提取 LOS 向或三维变形信息，并进行信息融合和交互验证。

存在问题：一是难以完整收集到同一区域同时段的多源 SAR 数据；二是海量 SAR 影像的存储、管理问题；三是要对多源 SAR 数据进行单独处理和建模，数据处理工作量大；四是各平台获取的形变信息的空间密度、时空分辨率、雷达视角、波长等参数的不一致，增大了信息融合的难度，影响了形变信息提取的精度和可靠性。

2）高分辨率 SAR 干涉

发展趋势：利用时间序列高时空分辨率 SAR 影像，对城市精细目标建立较为完备的模型，获取目标细部变形、热膨胀参数和目标高度，并将提取的信息准确投射到目标表面，直观地展示城市目标高度、变形、热膨胀等信息。

存在问题：一是高分辨率 SAR 商业化运作比例高，数据获取成本大；二是由于 SAR 干涉处理采用的 DEM 不包含地面建筑，干涉图相位梯度大，极易造成相位解缠错误；三是城区干涉图中高层建筑引起的叠掩、顶底倒置严重，给 PS 点的相位解缠和精确定位带来困难。

1.2.2　Sentinel-1 干涉技术研究现状

Sentinel-1 卫星的 IW（幅宽 250km）和 EW（幅宽 400km）模式可用于干涉测量，因影像数据可免费获取，且具有质量高、幅宽广、重访周期短（最短 6 天）等特点，使其成为近期 InSAR 的研究热点。Sentinel-1 的 TOPS 成像技术（Meta et al., 2010；Scheiber et al., 2014）最早被安装在 TerraSAR-X 和 RADARSAT-2 上。De Zan 和 Monti-Guarnieri（2006）对 TOPS 成像模式及干涉条件进行了分析；相关文献对 burst 级别的干涉处理方法、TOPS 影像 burst 之间的配准、方位向拼接、SD（spectral diversity）法和 ESD（enhanced spectral diversity）法的配准精度等进行了研究。

Prats-Iraola 等（2015）分析了轨道“管道”及其对干涉的影响，指出顺轨向轨道误差会导致 burst 同步误差，必须予以校正，而 Sentinel-1 轨道不平行导致的失相干可以忽略。Yague-Martinez 等（2016）讨论了 IW 模式影像对配准的要求，指出要使得方位向的线性相位小于 1/100 周（3.6°），配准精度要达到 0.0009 像元，这相当于方位向同步时间 1.9μs 或者 1.3cm。González 等（2015）最早将 Sentinel 影像用于 Fogo 火山监测，并与贝叶斯反演结果进行了对比。Crosetto 等（2012）进行 PS 法时间序列分析，获取了 Mexico DF 主城区变形时间序列及累积图，并就 burst 级别干涉处理、PS 选点及相位解缠等进行了讨论。吴文豪等（2016）对 TOPS 干涉的数据处理进行了较为深入的研究。Wen 等（2016）利用 GAMMA 软件处理了升降轨 Sentinel-1 数据，获取了 2015 年中国皮山（Pishan）地震同震形变场。Sentinel-1 提取大面积变形信息的能力也在尼泊尔地震、美国纳帕谷地震及智利地震中得到了验证。

综上所述，①Sentinel-1 TOPS SAR 影像干涉在变形监测方面的可行性已经得到验证，但利用 TOPS 影像进行时间序列分析的研究还很少；②基于 Sentinel-1 影像的时间序列变形监测数据处理流程与其他 SAR 影像基本一致；③Sentinel-1 干涉处理的关键是高精度影像配准，从而消除配准误差导致的方位向相位梯度，便于 burst 之间的拼接；④针对整景影像的干涉处理目前有两种思路：一种思路是先进行 burst 级别的干涉处理，然后计算 burst 的重叠区域的干涉图之差，并将差分相位分配到 burst 上，消除相位跳变，完成有效行/列的拼接；另一种思路是将重叠区域的差分相位转化成配准偏移量实现整景影像的配准和拼接，最后获取影像级别的干涉图。

1.2.3 InSAR 技术用于桥梁变形监测研究现状

随着 SAR 数据分辨率的提高和对干涉相位组成分析的精细化，InSAR 技术监测大型基础设施的潜能逐渐展现（Sousa et al., 2014）。在桥梁监测方面，Fornaro 等（2013）利用 34 景 TerraSAR 影像研究了意大利 Basento 大桥热膨胀导致的季节性周期变形，指出桥梁与桥墩的固定连接结构使热膨胀变形在跨中最大，影响了水平方向的桥梁安全。Lazecky 等（2015）通过对三个桥梁的 InSAR 监测变形分析，指出多时相 InSAR 时间序列分析可实现大桥水平和竖直变形监测，但要实现桥梁变形的异常监测，需有地面辅助手段。Lazecký 等（2014）利用 X 波段 SAR 对捷克的 Radontin 桥和 Svinov 桥的热膨胀变形进行了监测，并对环境温度误差进行了校正。Sousa 和 Basto（2013）利用多时相 InSAR 技术追溯了葡萄牙一座因过度采沙而倒塌的大桥的变形情况，发现大桥倒塌前存在加速变形。Shamshiri 等（2013）利用成像于 2003～2013 年的 ENVISAT、ALOS、TerraSAR 影像监测了伊朗北部 Urmia Causeway 湖上的一座大桥，发现变形最大幅度大于 50mm/a。国内，2016 年 11 月在长沙召开的第三届成像雷达对地观测高级学术研讨会上，廖明生等展示了 InSAR 在桥梁变形监测方面的潜力，但相关公开文献较少。

综上所述，InSAR 技术用于桥梁变形监测的问题主要有：①受桥型、地面交通等影响，星载雷达桥梁反射信号复杂，数据处理难度大；②雷达 LOS 向变形难以全面分析桥梁实际变形；③大型悬索桥、斜拉桥等柔性桥梁竖向振幅较大，并与水平向热膨胀混合在一起，难以分离；④单一的 InSAR 技术难以实现桥梁异常变形的探测，需有地面辅助监测手段。

1.3　地基 SAR 干涉研究进展

地基雷达分为 SAR 和真实孔径雷达（RAR），前者可获取二维影像，提取监测区目标变形，后者主要用于建筑物振动监测（希尔艾力·艾尔肯等，2017）。地基 SAR 最初设计用于大坝等具有较强雷达反射信号的大型人工建筑物变形监测，后来被广泛用于滑坡监测，如大坝（Tarchi et al., 1999）、滑坡（Luzi et al., 2004）、矿区（杨红磊等，2012）、冰川（Gray, 2011；Luzi et al., 2009）等。地基 SAR 应用中的主要问题，一是大气延迟不一致影响精度，二是设备昂贵难以推广。研究表明，20℃时，1km 距离上 1%的相对湿度变化可导致 2mm 的测量误差。Noferini 等（2005）利用 PS 技术和外部气象数据校准法研究了大气扰动对地基 InSAR 相位的影响及相应的补偿方法。Iannini 和 Guarnieri（2011）利用观测区域的气压、温度和湿度建立了大气折射模型，估算出大气折射率的变化来校正大气扰动误差。地基 RAR 能获取 LOS 向不同距离处目标的动态变形，如桥梁、风车、烟囱和通信塔等，且不受大气影响，精度达到亚毫米级，通过对动态变形的分析还可提取目标振动频率等模态信息。地基 RAR 设备无滑轨，设备运输、安装方便，且价格相对便宜。

地基雷达技术巨大的应用前景吸引了众多科研机构和公司进行理论和设备研究，其中包括欧盟委员会联合研究中心（Joint Research Center），意大利的佛罗伦萨大学、IDS 公司，英国的谢菲尔德大学，西班牙的加泰罗尼亚理工大学、IG 研究所（Institute of Geomatics），以及瑞典的皇家理工学院等。

国内对地基雷达的研究蓬勃发展，中国科学院曲世勃等（2011）对中国科学院电子学研究所微波成像技术国家级重点实验室研制的 ASTRO 系统实施了模型分析，并且试验性地探讨和分析了地基 SAR 的误差源、测量模式等；武汉大学刁建鹏和黄声享（2009）在 CCTV 大楼及大桥变形监测中使用了 IBIS 系统，将监测结果对比于传统测量手段的结果，分析了该方法监测变形的可行性、优势和特点；河海大学黄其欢等（2015，2016）应用该技术对大坝进行了变形监测，通过实验验证了该技术在大坝监测中可获得优于毫米级精度的监测结果；王荣海和黄月军（2011）将该技术应用于露天矿边坡监测中，验证了该技术在边坡变形监测预警中的可行性；中国地质大学杨红磊等（2012）在地基雷达系统研制和变形监测应用方面进行了较为深入的研究。目前，国内已经将地基雷达用于人工建筑物、露天矿区监测，并就大气误差校正等进行了较为深入的研究。

综合国内外文献可以看出，地基 SAR 进行变形监测具有以下优势：①利用干涉技术，地基 SAR 提取的形变精度高；②不受重访周期限制，地基 SAR 提取的形变具有连续性；③地基 SAR 可根据监测区域的变形特点，选择合适的时间和位置进行观测，具有灵活性；④地基 SAR 的设站和周边环境易于控制和测量，测量误差具有可控性。总之，地基 SAR 的局域性、全天时、全天候、定点连续监测、良好的灵活性和可操作性，使得该技术在变形监测方面得到越来越广泛的重视和应用。

参考文献

陈强, 罗容, 杨莹辉, 等. 2015. 利用 SAR 影像配准偏移量提取地表形变的方法与误差分析. 测绘学报, 44(3): 301-308.

刁建鹏, 黄声享. 2009. 地面干涉雷达在建筑变形监测中的应用. 测绘通报, (9): 45-47.

葛大庆. 2013. 区域性地面沉降 InSAR 监测关键技术研究. 北京: 中国地质大学.

葛大庆, 王艳, 郭小方, 等. 2008. 利用短基线差分干涉纹图集监测地表形变场. 大地测量与地球动力学, 28(2): 61-66.

黄其欢, 何秀凤. 2009. 附加约束条件短基线 DInSAR 法及其应用. 中国矿业大学学报, 38(3): 450-454.

黄其欢, 岳建平. 2015. 地基 InSAR 新技术及水利工程变形监测应用. 辽宁工程技术大学学报(自然科学版), 34(3): 386-389.

黄其欢, 岳建平, 贡建兵. 2016. GBInSAR 隔河岩大坝变形监测实验. 水利水电科技进展, 36(3): 47-51.

李珊珊, 李志伟, 胡俊, 等. 2013. SBAS-InSAR 技术监测青藏高原季节性冻土变形. 地球物理学报, 56(5): 1476-1486.

廖明生, 林珲. 2003. 雷达干涉测量——原理与信号处理基础. 北京: 测绘出版社.

刘国祥, 陈强, 丁晓利. 2007. 基于雷达干涉永久散射体网格探测地表形变的算法与试验结果. 测绘学报, 36(1): 13-18.

刘国祥, 丁晓利, 陈永奇, 等. 2000. 极具潜力的空间对地观测新技术——合成孔径雷达干涉. 地球科学进展, 15(6): 734-740.

刘国祥, 张瑞, 李陶, 等. 2012. 基于多卫星平台永久散射体干涉提取三维地表形变速度场. 地球物理学报, 55(8): 2598-2610.

刘学敏, 黄其欢, 田林亚. 2015. IBIS-L 系统及其在大坝变形监测中的应用. 测绘与空间地理信息, 38(7): 34-36.

曲世勃, 王彦平, 谭维贤, 等. 2011. 地基 SAR 形变监测误差分析与实验. 电子与信息学报, 33(1): 1-7.

舒宁. 2003. 雷达影像干涉测量原理. 武汉: 武汉大学出版社.

汤益先, 张红, 王超. 2006. 基于永久散射体雷达干涉测量的苏州地区沉降研究. 自然科学进展, 16(8): 1015-1020.

王荣海, 黄月军. 2011. IBIS-M 在露天矿边坡微变形监测预警方面的应用. 露天采矿技术, (4):

44-47.

魏召兰. 2012. 高速铁路大型桥梁结构健康监测与状态评估研究. 成都: 西南交通大学.

吴文豪, 李陶, 陈志国, 等. 2016. Sentinel-1A 卫星 TOPS 模式数据干涉处理. 测绘通报, (2): 42-45.

希尔艾力·艾尔肯, 黄其欢, 岳建平, 等. 2017. 基于地基雷达的斜拉索环境振动测试研究. 工程勘察, (1): 48-52.

杨成生, 张勤, 赵超英, 等. 2014. 短基线集 InSAR 技术用于大同盆地地面沉降、地裂缝及断裂活动监测. 武汉大学学报(信息科学版), 39(8): 945-950.

杨红磊, 彭军还, 崔洪曜. 2012. GB-InSAR 监测大型露天矿边坡变形. 地球物理学进展, 27(4): 1804-1811.

张勤, 赵超英, 丁晓利, 等. 2009. 利用 GPS 与 InSAR 研究西安现今地面沉降与地裂缝时空演化特征. 地球物理学报, 52(5): 1214-122.

张祥, 陆必应, 宋千. 2011. 地基 InSAR 差分干涉测量大气扰动误差校正. 雷达科学与技术, 9(6): 502-506, 512.

周校, 王鹏, 邢诚. 2012. 基于 GB-SAR 的建筑物微变形测量研究. 测绘地理信息, 37(5): 40-43.

祝传广, 张继贤, 邓喀中, 等. 2014. 多源 SAR 影像监测矿区建筑物三维位移场. 中国矿业大学学报, 43(4): 701-706, 725.

Berardino P, Fornaro G, Lanari R, et al. 2002. A new algorithm for surface deformation monitoring based on small baseline differential SAR interferogram. IEEE Transactions on Geoscience and Remote Sensing, 40(11): 2375-2383.

Bovenga F, Nitti D O, Refice A, et al. 2010. Multi-temporal DInSAR analysis with X-band high resolution SAR data: Examples and potential. Proceedings of SAR Image Analysis, Modeling, and Techniques X, Toulouse.

Crosetto M, Monserrat O, Cuevas M, et al. 2012. Measuring thermal expansion using X-band persistent scatterer interferometry. ISPRS Journal of Photogrammetry and Remote Sensing, 100: 84-91.

De Zan F, Monti-Guarnieri A. 2006. TOPSAR: Terrain observation by progressive scans. IEEE Transactions on Geoscience and Remote Sens, 44(9): 2352-2360.

del Ventisette C, Intrieri E, Luzi G, et al. 2011. Using ground based radar interferometry during emergency: The case of the A3 motorway(Calabria Region, Italy)threatened by a landslide. Natural Hazards and Earth System Sciences, 11(9): 2483-2495.

Ferretti A, Fumagalli A, Novali F, et al. 2011. A new algorithm for processing interferometric data-stacks: SqueeSAR. IEEE Transactions on Geoscience and Remote, 49(9): 3460-3470.

Ferretti A, Prati C, Rocca F. 2000. Nonlinear subsidence rate estimation using permanent scatterers in differential SAR interferometry. IEEE Transactions on Geoscience and Remote, 38(5): 2202-2212.

Ferretti A, Prati C, Rocca F. 2001. Permanent scatterers in SAR interferometry. IEEE Transactions on Geoscience and Remote, 39(1): 8-20.

Fialko Y, Sandwell D, Simons M, et al. 2005. Three-dimensional deformation caused by the Bam, Iran, earthquake and the origin of shallow slip deficit. Nature, 435(7040): 295-299.

Fornaro G, Reale D, Verde S. 2013. Bridge thermal dilation monitoring with millimeter sensitivity via multidimensional SAR imaging. IEEE Geoscience and Remote Sensing Letters, 10(4): 677-681.

Gentile C, Bernardini G. 2010. An interferometric radar for non-contact measurement of deflections on civil engineering structures: Laboratory and full-scale tests. Structure and Infrastructure Engineering, 6(5): 521-534.

González P J, Bagnardi M, Hooper A J, et al. 2015. The 2014-2015 eruption of Fogo volcano: Geodetic modeling of Sentinel-1 TOPS interferometry. Geophysical Research Letters, 42(21): 9239-9246.

Gray L. 2011. Using multiple RADARSAT InSAR pairs to estimate a full three-dimensional solution for glacial ice movement. Geophysical Research Letters, 38(5): L05502-1-6.

Herrera G, Fernandez-Merodo J A, Mulas J, et al. 2009. A landslide forecasting model using ground based SAR data: The Portalet case study. Engineering Geology, 105(3-4): 220-230.

Hooper A. 2008. A multi-temporal InSAR method incorporating both persistent scatterer and small baseline approaches. Geophysical Research Letters, 35(16): L16302-1-5.

Iannini L, Guarnieri A M. 2011. Atmospheric phase screen in ground-based radar: Statistics and compensation. IEEE Geoscience and Remote Sensing Letters, 8(3): 537-541.

Kim S W, Wdowinski S, Amelimg F, et al. 2008. X-band InSAR Observations in New Orleans, Louisiana. 2008 IEEE International Geoscience and Remote Sensing Symposium, Boston.

Lazecky M, Perissin D, Bakon M, et al. 2015. Potential of satellite InSAR techniques for monitoring of bridge deformations. IEEE, JURSE, Lausanne, Switzerland.

Lazecký M, Rapant P, Perissin D, et al. 2014. Deformations of highway over undermined Ostrava-Svinov area monitored by InSAR using limited set of SAR images. Procedia Technology, 16: 414-421.

Luzi G, Crosetto M, Cuevas González M. 2014. A radar-based monitoring of the Collserola tower(Barcelona). Mechanical Systems and Signal Processing, 49(1-2): 234-248.

Luzi G, Noferini L, Mecatti D, et al. 2009. Using a ground-based SAR interferometer and a terrestrial laser scanner to monitor a snow-covered slope: Results from an experimental data collection in Tyrol(Austria). IEEE Transactions on Geoscience and Remote Sensing, 47(2): 382-393.

Luzi G, Pieraccini M, Mecatti D, et al. 2004. Ground based radar interferometry for landslides monitoring: Atmospheric and instrumental decorrelation sources on experimental data. IEEE Transactions on Geoscience and Remote Sensing, 42(11): 2454-2466.

Luzi G, Pieraccini M, Mecatti D, et al. 2007. Monitoring of an alpine glacier by means of ground-based SAR interferometry. IEEE Geoscience and Remote Sensing Letters, 4(3): 495-499.

Meta A, Mittermayer J, Prats P, et al. 2010. TOPS imaging with TerraSAR-X: Mode design and performance analysis. IEEE Transactions on Geoscience and Remote Sensing, 48(2): 759-769.

Monserrat O. 2012. Deformation measurement and monitoring with Ground-based SAR. Barcelona: Technical University of Calalonia.

Monserrat O, Crosetto M, Cuevas M, et al. 2011. The thermal expansion component of persistent scatterer interferometry observations. IEEE Geoscience and Remote Sensing Letters, 8(5):

864-868.

Mora O, Mallorqu J J, Broquetas A. 2003. Linear and nonlinear terrain deformation maps from a reduced set of interferometric SAR images. IEEE Transactions on Geoscience and Remote Sensing, 41(10): 2243-2253.

Nitti D O, Nutricatoa R, Bovenga F, et al. 2010. TerraSAR-X InSAR multipass analysis on Venice(Italy). Proceedings of SPIE, 7477(1): 74771I-1-12.

Noferini L, Pieraccini M, Mecatti D, et al. 2005. Permanent scatters analysis for atmospheric correction in ground-based SAR interferometry. IEEE Transactions on Geoscience and Remote Sensing, 43(7): 1459-1471.

Prats-Iraola P, Rodriguez-Cassola M, De Zan F, et al. 2015. Role of the orbital tube in interferometric spaceborne SAR missions. IEEE Geoscience and Remote Sensing Letters, 12(7): 1486-1490.

Prats-Iraola P, Scheiber R, Marotti L, et al. 2012. TOPS interferometry with TerraSAR-X. IEEE Transactions on Geoscience and Remote Sensing, 50(8): 3179-3188.

Rödelsperger S, Läufer G, Gerstenecker C, et al. 2010. Monitoring of displacements with ground-based microwave interferometer: IBIS-S and IBIS-L. Journal of Applied Geodesy, 4(1): 41-54.

Scheiber R, Jäger M, Prats-Iraola P, et al. 2014. Speckle tracking and interferometric processing of TerraSAR-X TOPS data for mapping nonstationary scenarios. IEEE Journal of Selected Topics in Applied Earth Observations and Remote Sensing, 8(4): 1709-1720.

Schunert A, Soergel U. 2012. Grouping of persistent scatterers in high-resolution SAR data of urban scenes. ISPRS Journal of Photogrammetry and Remote Sensing, 73: 80-88.

Shamshiri R, Motagh M, Baes M, et al. 2013. Bridge deformation monitoring: Insight from InSAR time-series and finite element modeling. ESA living planet symposium, Edinburgh in United Kingdom.

Sousa J J, Basto L. 2013. MTI reveals bridge sinking before collapse. Natural Hazards and Earth System Sciences, 13: 659-667.

Sousa J J, Hlaváčová I, Bakoň M, et al. 2014. Potential of multi-temporal InSAR techniques for bridges and dams monitoring. Procedia Technology, 16: 834-841.

Stramondo S, Chini M, Bignami C, et al. 2011. X-, C-, and L-band DInSAR investigation of the april 6, 2009, Abruzzi earthquake. IEEE Geoscience and Remote Sensing Letters, 8(1): 49-53.

Tarchi D, Rudolf H, Luzi G, et al. 1999. SAR interferometry for structural changes detection: A demonstration test on a dam. Proceedings of IGARSS, 99: 1522-1524.

Wegmiiller U, Walter D, Spreckels V, et al. 2010. Nonuniform ground motion monitoring with TetraSAR-X persistent scatterer interferometry. IEEE Transactions on Geoscience and Remote Sensing, 48(2): 895-904.

Wen Y, Xu C, Liu Y, et al. 2016. Deformation and source parameters of the 2015 Mw 6. 5 earthquake in Pishan, Western China, from Sentinel-1A and ALOS-2 data. Remote Sensing, 8(2): 134.

Xia Y, Kaufmann H, Guo X F. 2004. Landslide monitoring in the Three Georges Area using DInSAR and corner reflectors. Photogrammetric Engineering and Remote Sensing, 70(10): 1167-1172.

Yague-Martinez N, Prats-Iraola P, Brcic R, et al. 2016. Interferometric processing of Sentinel-1

TOPS data. IEEE Transactions on Geoscience and Remote Sensing, 54(4): 1-15.

Zhang L, Ding X L, Lu Z. 2011. Ground settlement monitoring based on temporarily coherent points between two SAR acquisitions. ISPRS Journal of Photogrammetry and Remote Sensing, 66(1): 146-152.

Zhu W, Zhang Q, Ding X, et al. 2013. Recent ground deformation of Taiyuan basin(China) investigated with C-, L-, and X-bands SAR images. Journal of Geodynamics, 70: 28-35.

第 2 章　SAR 干涉测量变形监测基础

2.1　星载 SAR 干涉测量原理

2.1.1　星载 SAR 成像原理

雷达按天线工作方式的不同可分为 RAR 和 SAR 两类。SAR 利用合成孔径技术提高雷达的方位向分辨率，通过脉冲压缩技术提高雷达的距离向分辨率，从而得到一种具有较高分辨率的成像雷达。SAR 一般采用侧视成像方法，其成像空间几何关系如图 2.1 所示，天线波束和雷达水平面之间的夹角 α 称为倾斜角；地面上与飞行方向平行的方向称为方位向（azimuth direction），与飞行方向垂直的方向称为距离向（range direction）；天线波束与竖直方向的夹角称为雷达入射角 θ（incidence angle），一般 θ=20°～55°，雷达到地面目标点的距离 R 称为斜距（slant range）。星载 SAR 系统沿平行于地面的轨道运动，由雷达天线在垂直于飞行轨道的方向上对地面发出特定频率的雷达波，其在地面上的印迹称为波束脚印（footprint）。波束脚印在地面上形成的成像条带称为刈幅（swath），雷达波遇到地面

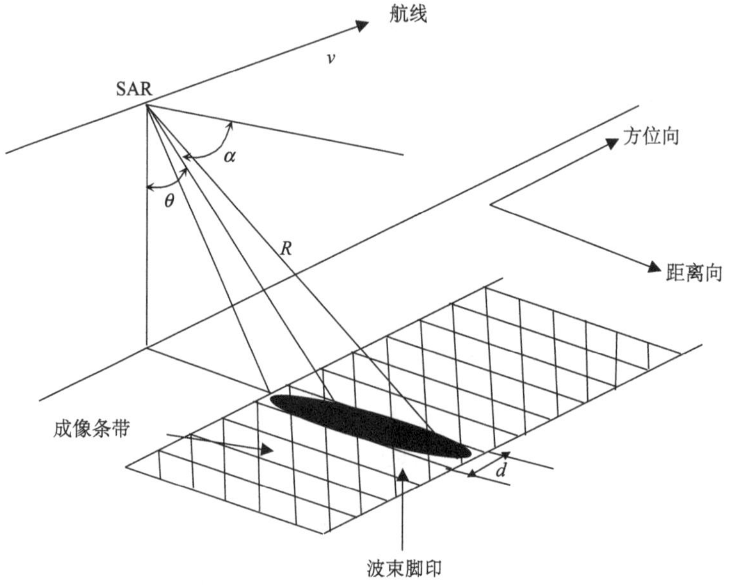

图 2.1　SAR 成像空间几何关系

物体时发生散射，其中部分散射信号会被反射回雷达天线，把这部分信号按一定顺序记录下来就形成了原始雷达影像数据（Hanssen et al., 1999；廖明生和林珲，2003）。

用于干涉处理的 SAR 影像是由原始雷达影像经过聚焦等处理后形成的单视复数（single look complex，SLC）影像。SLC 影像包含幅度（amplitude）和相位（phase）信息，相位信息是雷达信号传播距离的函数，雷达干涉测量正是利用了相位信息才得以实施。雷达图像用复数的形式来表示，每一个像元由实部和虚部两部分组成，由它们可以计算出各点的幅度和相位信息。

幅度计算式为

$$I = \sqrt{\mathrm{Re}^2(u) + \mathrm{Im}^2(u)} \tag{2.1}$$

相位计算式为

$$\varphi = \arctan\left[\mathrm{Im}(u)/\mathrm{Re}(u)\right] \tag{2.2}$$

式中，$\mathrm{Im}(u)$ 和 $\mathrm{Re}(u)$ 分别表示虚部和实部；φ 的数值在 $(-\pi,\pi)$ 范围内。

由于 SAR 是侧视成像方式，也就是说雷达波束是以比较大的视角斜照射地表的，这种成像的几何模式导致了 SAR 图像中的透视收缩（foreshortening）、顶底位移（layover）和雷达阴影（shadow）等几何形变现象。图 2.2 给出了这几种几何形变的示例。透视收缩是指地表朝向雷达入射方向的迎坡面上两点之间的斜距之差小于其地距（ground range）之差，在 SAR 图像中表现为迎坡面的距离向压缩现象，又称迎坡缩短。当雷达波束入射角小于迎坡坡度时，入射波到达坡顶的

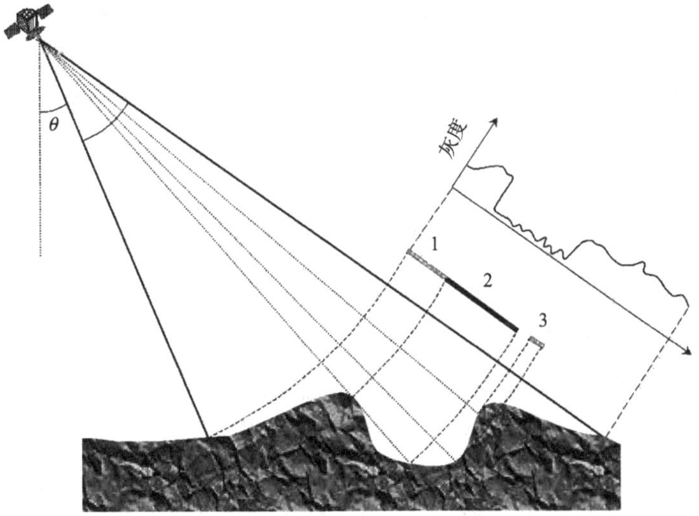

图 2.2　SAR 成像几何形变

1. 透视收缩；2. 雷达阴影；3. 顶底位移

斜距小于到达坡底的斜距，从坡底返回雷达的回波信号先于坡顶的信号到达雷达天线，此时，在 SAR 图像中出现顶底倒置现象，称为顶底位移。透视收缩和顶底位移发生的图像局部一般表现为高亮度。当背向雷达波束入射方向的地形坡度比较陡峭时，往往存在雷达波束无法照射到的区域，此时雷达无法接收到该区域的信号，在 SAR 图像中，该部分区域亮度极低，称为雷达阴影。几何形变是侧视成像雷达特有的现象，这些现象增加了 SAR 图像处理的困难。

2.1.2 星载 SAR 干涉测量原理及模式

干涉测量的概念和方法早已在应用物理和光学中出现，通常是利用两个光源向一个目标发射相干光，根据两束相干光的相位差可以高精度地计算出目标的距离，雷达干涉测量的原理与此类似。SAR 充分利用雷达回波信号所携带的相位信息，通过两副天线同时观测，或两次重复轨道的观测，获得同一区域的两幅重复观测 SAR 数据，即复数影像对。由于两副天线和观测目标之间的几何关系，同一目标对应的两个回波信号之间产生了相位差，由此得到的相位差影像称为干涉图（interferogram），再结合观测平台的轨道参数和传感器参数等可以获得高精度、高分辨率的地面高程、地表形变及运动物体速度等信息（Hanssen, 2001）。

图 2.3 是重复轨道 SAR 干涉的几何模型。图中卫星的飞行方向垂直于地面，S_1、S_2 分别代表两个 SAR 卫星，R_1、R_2 代表卫星到地面点 P 的距离，θ 为入射角，H 为卫星的高度，β 为当地入射角，B 为基线，α 为基线与水平面的夹角，基线在雷达视线方向及其垂直方向的投影分别定义为平行基线（parallel baseline）$B_{\parallel}$ 和垂直基线（perpendicular baseline）$B_{\perp}$，基线也可以沿水平和竖直方向分解为水平基线（horizontal baseline）B_{h} 和竖直基线（vertical baseline）B_{v}，且满足：

$$B_{\parallel} = B\sin(\theta - \alpha) \tag{2.3}$$

$$B_{\perp} = B\cos(\theta - \alpha) \tag{2.4}$$

$$B_{\parallel} = B_{\mathrm{h}}\sin\theta - B_{\mathrm{v}}\cos\theta \tag{2.5}$$

$$B_{\perp} = B_{\mathrm{h}}\cos\theta + B_{\mathrm{v}}\sin\theta \tag{2.6}$$

假设传感器两次成像到地面点的距离差为 ΔR，考虑到 $B \ll R$（R 为 SAR 卫星到地面目标的平均距离），则雷达信号单程距离差为

$$\Delta R = B\sin(\theta - \alpha) = B_{\parallel} \tag{2.7}$$

定义在距离向大地水准面上的点 P' 为点 P 对应的平地效应点，若满足 $|S_1P| = |S_1P'|$，即两点的斜距相等，P 和 P' 两点的雷达视角分别为 θ 和 θ_0，则

$$\theta = \theta_0 + \mathrm{d}\theta \tag{2.8}$$

考虑到 $\mathrm{d}\theta$ 很小，则

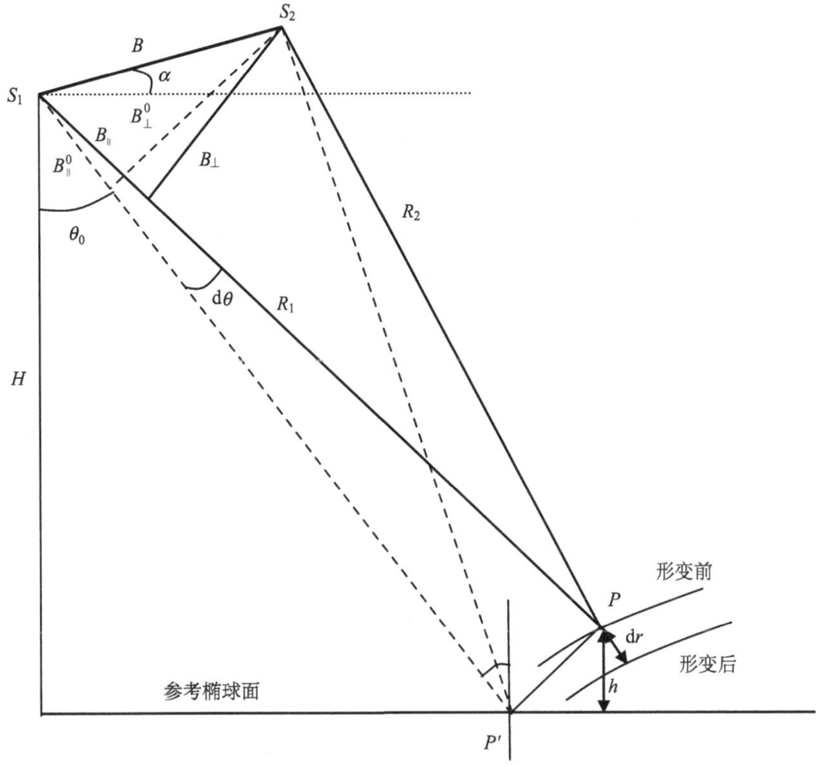

图 2.3 重复轨道 SAR 干涉的几何模型

$$\begin{aligned}\Delta\rho &= B\sin(\theta_0 + \mathrm{d}\theta - \alpha) \\ &= B[\sin(\theta_0 - \alpha)\cos(\mathrm{d}\theta) + \cos(\theta_0 - \alpha)\sin(\mathrm{d}\theta)] \\ &\cong B\sin(\theta_0 - \alpha) + B\cos(\theta_0 - \alpha)\cdot\mathrm{d}\theta \\ &= B_\parallel^0 + B_\perp^0\cdot\mathrm{d}\theta\end{aligned} \tag{2.9}$$

从式（2.9）中可以看出，由于两次成像时雷达双程传播距离不同而产生的干涉相位 ϕ 可以表示为

$$\begin{aligned}\phi &= \phi^{\mathrm{FT}} + 2w\pi = -\frac{4\pi}{\lambda}(B_\parallel^0 + B_\perp^0\cdot\mathrm{d}\theta) + 2w\pi \\ &= \phi^{\mathrm{F}} + \phi^{\mathrm{T}} + \phi^{\mathrm{W}}\end{aligned} \tag{2.10}$$

从式（2.10）中可以看出，干涉相位主要由三个部分组成：第一项 ϕ^{F} 是由平行基线引起的干涉相位，这部分显示即使观测完全平坦的表面也会产生干涉条纹，称为平地（flat earth）效应相位；第二项 ϕ^{T} 是由地形（terrain）引起的干涉相位；第三项 ϕ^{W} 表示干涉相位的整周部分，即

$$\phi^{F} = -\frac{4\pi}{\lambda} B_{\parallel}^{0} \tag{2.11}$$

$$\phi^{T} = -\frac{4\pi}{\lambda} B_{\perp}^{0} \mathrm{d}\theta \tag{2.12}$$

$$\phi^{W} = 2w\pi \tag{2.13}$$

地面点和对应平地效应点之间的距离$|PP'|$可以表示为

$$|PP'| = R_1 \mathrm{d}\theta \tag{2.14}$$

则地面点 P 的高程表示为

$$h = R_1 \mathrm{d}\theta \sin\beta \tag{2.15}$$

将式（2.12）代入式（2.15）中得到利用 InSAR 获取地面高程的公式为

$$h = -\frac{\lambda}{4\pi} \frac{R_1 \sin\beta}{B_{\perp}^{0}} \phi^{T} \tag{2.16}$$

将基线转化成水平基线和竖直基线，这样式（2.16）可改写为

$$h = -\frac{\lambda}{4\pi} \frac{R_1 \sin\beta}{B_h \cos\theta_0 + B_v \sin\theta_0} \phi^{T} \tag{2.17}$$

一般干涉图中的一个条纹代表的相位变化是2π，每一个条纹代表的高度变化量称为高程模糊度（height ambiguity），将$\phi^{T} = 2\pi$代入式（2.16）得

$$h_{2\pi} = \left| \frac{\lambda}{2} \frac{R_1 \sin\beta}{B_{\perp}^{0}} \right| \tag{2.18}$$

由式（2.18）可以看出，高程模糊度和雷达波长、地面入射角、斜距及垂直基线有关，其中雷达波长对于特定 SAR 系统是固定的，地面入射角和斜距在整幅图像中的变化都较小，所以垂直基线对高程模糊度起了决定性的作用。图 2.4 表示 C 波段 ERS、ENVISAT 及 L 波段 JERS 高程模糊度与垂直基线的关系，从图中可以看出，垂直基线越长高程模糊度越小，在利用 SAR 干涉技术提取数字地面高程时，选择 100～500 m 的垂直基线比较合适，太短的垂直基线会减少干涉相位对高程的敏感度，而太长的基线虽然对高程十分敏感，但是密集的干涉条纹不利于后续的相位解缠。

根据 SAR 干涉数据的获取方式不同，SAR 干涉测量有以下几种模式。

1. 正交轨道干涉（XTI：cross-track interferometry）

如图 2.5（a）所示，正交轨道干涉的两台天线垂直于飞行方向，因为要求两台天线安装在同一平台上，目前只适用于机载系统。这种干涉形式存在难以区分因区域坡度影响产生的误差与飞机横滚产生的误差的困难。

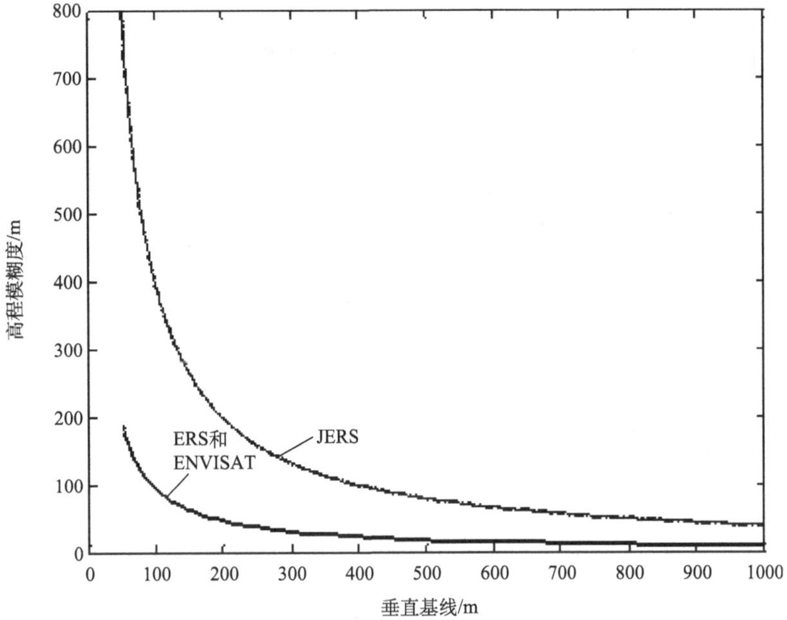

图 2.4　ERS、ENVISAT 和 JERS 高程模糊度与垂直基线的关系

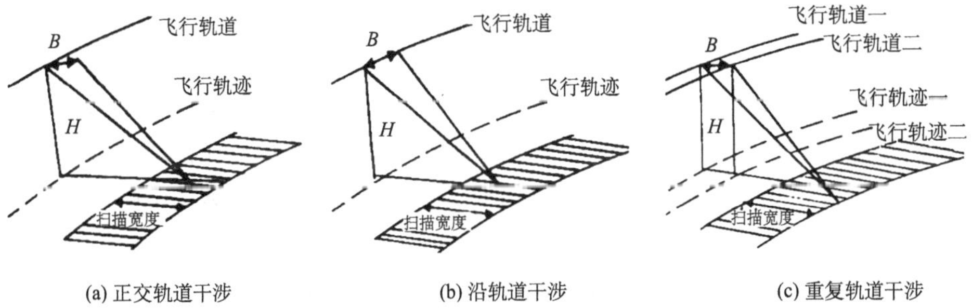

图 2.5　星载 SAR 干涉测量模式

2. 沿轨道干涉（ATI：along-track interferometry）

沿轨道干涉同正交轨道干涉一样，要求在同一平台上安装两套与飞行方向一致排列的天线系统，故目前也只适用于机载 SAR 系统。如图 2.5（b）所示，其几何原理与正交轨道干涉基本相同，其中相应像素的相位差是由于测量时物体的运动产生的，同时也会因飞机的偏航及俯仰而产生附加相位差，故在获得绝对速度之前，有必要做相位差定标。沿轨道干涉测量模式可用于水流制图、动目标检测及定向波谱的测量等。

3. 重复轨道干涉（RTI：repeat-track interferometry）

如图 2.5（c）所示，重复轨道干涉只要求一部天线，但需要对飞行轨道精确定位。由于卫星比飞机有更准确、稳定的飞行轨道，因此该方法最适合星载 SAR 干涉。高纬度的极地卫星可以经过几乎相同的轨道，以微小的几何视差对同一地区多次成像。例如，欧洲太空署串行模式（tandem mode）运行的 ERS-1/2 上装载的 SAR 系统，ERS-1 和 ERS-2 两颗卫星分别从有微小差别的运行轨道上，以仅一天的间隔获得同一地区的数据。日本 JERS-1 搭载的 SAR 也成功地运用该方法进行了雷达干涉的应用研究，并取得了很好的效果。

2.1.3　星载SAR 干涉变形监测

如果在两次 SAR 成像过程中，地表在 LOS 向发生了形变 $\mathrm{d}r$，根据图 2.3，不考虑相位模糊度（phase ambiguity），则式（2.10）变为

$$
\begin{aligned}
\phi &= -\frac{4\pi}{\lambda}(B_{\parallel}^{0} + B_{\perp}^{0}\cdot \mathrm{d}\theta + \mathrm{d}r) \\
&= -\frac{4\pi}{\lambda}\left(B_{\parallel}^{0} + \frac{B_{\perp}^{0}}{R_1 \sin\beta}h + \mathrm{d}r\right) \\
&= \phi^{\mathrm{F}} + \phi^{\mathrm{T}} + \phi^{\mathrm{D}}
\end{aligned}
\tag{2.19}
$$

式中，ϕ^{D} 表示地表 LOS 向形变量 $\mathrm{d}r$ 引起的相位。式（2.19）近似地描述了干涉相位与平地效应相位、地形相位和地表形变相位的关系。顾及获得两幅图像时的大气延迟相位及噪声相位，在实际的星载 SAR 干涉模型中，干涉图中的每个像素的真实干涉相位 ϕ 表示为

$$\phi = \phi^{\mathrm{F}} + \phi^{\mathrm{T}} + \phi^{\mathrm{D}} + \phi^{\mathrm{A}} + \phi^{\mathrm{N}} \tag{2.20}$$

式中，

$$\phi^{\mathrm{F}} = kB_{\parallel}^{0} \tag{2.21}$$

$$\phi^{\mathrm{T}} = k\frac{B_{\perp}^{0}}{R_1 \sin\beta}h \tag{2.22}$$

$$\phi^{\mathrm{D}} = k\mathrm{d}r \tag{2.23}$$

$$\phi^{\mathrm{A}} = kS^{t_1} - kS^{t_2} \tag{2.24}$$

$$k = -\frac{4\pi}{\lambda} \tag{2.25}$$

式（2.21）～式（2.24）中各符号说明如下。

ϕ^{F}：平地效应相位

ϕ^{T}：地形相位

ϕ^{D}：地表形变相位

ϕ^{A}：大气延迟相位

ϕ^{N}：噪声相位

h：地面点相对于参考椭球面的高程

$\mathrm{d}r$：两次影像获取时间间隔内地表沿 LOS 向发生的形变量

S^{t_1}：t_1时刻的大气延迟距离

S^{t_2}：t_2时刻的大气延迟距离

由于平地效应相位 ϕ^{F} 可以根据星载 SAR 的空间几何关系直接获取，不考虑相位模糊度及相位噪声，则此方程中含有 4 个未知量：h、$\mathrm{d}r$、S^{t_1} 和 S^{t_2}，即干涉图中只剩下 DEM、大气延迟及地表形变引起的相位。SAR 干涉技术就是在干涉图中消除某些已知的相位，从而获取未知相位并对其进行进一步分析的测量方法。根据获取未知相位的不同，干涉测量可以用于变形监测及气象学方面的研究。例如，在 DEM 和两次成像间隔内地表形变已知的情况下，可以利用 SAR 干涉技术提取大气延迟相位，从而反演大气水汽含量以及有关气象方面的参数，常规的 SAR 干涉法提取地表形变一般不考虑大气相位的影响，仅在干涉图中去除地形相位，得到的差分干涉图中包含了地表形变以及大气延迟的共同影响，由式（2.19）可得

$$\mathrm{d}r = -\frac{\lambda}{4\pi}\phi \quad B_{\parallel}^{0} \quad \frac{B_{\perp}^{0}}{R_1\sin\theta}h \tag{2.26}$$

从式（2.26）可以看出，要获取地表形变量，必须获取地面点相对于参考椭球面的高程，即研究区域的 DEM，根据去除 DEM 方法的不同，常规 SAR 干涉法提取地表形变有三种模式：两通模式、三通模式和四通模式。两通模式中用仅有的两幅影像产生干涉图，利用外部 DEM 根据这两幅影像的空间几何参数模拟 DEM 引起的相位，并从干涉图中去除，从而获取地表形变。四通模式利用四幅影像获取形变，其中不含形变的两幅影像干涉生成用于提取 DEM 的干涉图，另外两幅包含形变信息的影像生成另外一幅干涉图，两幅干涉图的差分相位即地表形变相位。式（2.26）适合于两通和四通模式。三通模式利用三幅影像获取形变，它们共用一幅主图像产生两幅干涉图，其中含有形变信息的干涉图称为形变对，另一幅干涉图用于获取 DEM，称为地形对，将式（2.16）代入式（2.26）得

$$\mathrm{d}r = -\frac{\lambda}{4\pi}\phi - B_{\parallel}^{0} - \frac{\lambda}{4\pi}\frac{B_{\perp 2}^{0}}{B_{\perp 1}^{0}}\phi^{\mathrm{T}} \tag{2.27}$$

式中，$B_{\perp 1}^{0}$ 和 $B_{\perp 2}^{0}$ 分别为地形对和形变对的垂直基线。

对式（2.27）中的地形相位 ϕ^{T} 求微分，可以看出较小的垂直基线比 $B_{\perp 2}^{0}/B_{\perp 1}^{0}$ 可

以减少地形相位 ϕ^{T} 的误差对形变精度的影响，所以利用 SAR 干涉技术进行变形监测时一般都选择具有较短垂直基线的影像对作为形变对，而地形对的垂直基线都相对较长。

将 $\phi=2\pi$ 代入式（2.27）中，则形变模糊度为

$$\mathrm{d}r_{2\pi}=\frac{\lambda}{2} \tag{2.28}$$

式（2.28）表示干涉图上一个相位周期 2π 所代表的 LOS 向形变量。对于 C 波段雷达（波长为 5.6 cm），如果地面沿 LOS 向发生 2.8 cm 位移，干涉条纹图将变为一条整周条纹。理论上，利用 SAR 干涉技术可监测至少厘米级的地表形变量，当相位观测误差小于 2.24rad 时，形变观测的理论精度小于 1 cm 而达到毫米级精度。

2.1.4 星载 SAR 形变向量分解

SAR 通过观测 LOS 向的距离变化来获取地表形变，因此，必须将雷达 LOS 向形变进行分解，假设 LOS 向形变量为 d_{r}，其在北、东、天方向的分量分别为 d_{n}、d_{e} 和 d_{u}，如图 2.6 所示，则有

$$d_{\mathrm{r}}=d_{\mathrm{u}}\cos\theta_{\mathrm{inc}}-\sin\theta_{\mathrm{inc}}\left[d_{\mathrm{n}}\cos\left(\alpha_{\mathrm{h}}-\frac{3\pi}{2}\right)+d_{\mathrm{e}}\sin\left(\alpha_{\mathrm{h}}-\frac{3\pi}{2}\right)\right] \tag{2.29}$$

式中，θ_{inc} 为入射角；α_{h} 为卫星的飞行方向；$\alpha_{\mathrm{h}}-\frac{3\pi}{2}$ 代表与卫星飞行方向垂直的方位向。当 $\theta_{\mathrm{inc}}=23°$，$\alpha_{\mathrm{h}}=190°$ 时，LOS 向的形变在北、东、天方向可分解为 $[-0.07\quad 0.38\quad 0.92][d_{\mathrm{n}}\quad d_{\mathrm{e}}\quad d_{\mathrm{u}}]^{\mathrm{T}}$，可以看出 LOS 向形变量对北、东、天三个方向的敏感度差别很大，其中北方向最小，天方向最大。在只有竖直（天）方向发生形变的假设下，对波长为 5.6 cm 的 C 波段 SAR 而言，干涉图中一个干涉条纹代表约为 30 mm 的沉降或抬升。

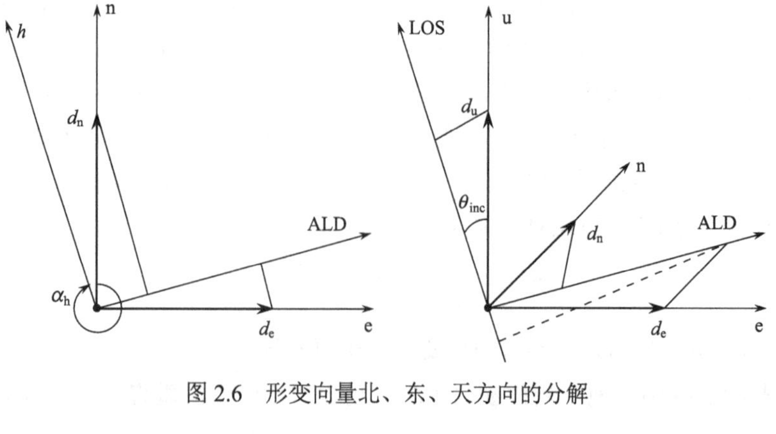

图 2.6　形变向量北、东、天方向的分解

从以上分析可以看出：SAR 干涉技术只能获取 LOS 向形变量，无法获取地表三维形变信息。通常情况下，假设水平方向形变为零，通过将 LOS 向形变投影到竖直方向以获取地表形变。分别应用升轨和降轨 SAR 数据产生两幅干涉图，可以分解出其中的两个分量，如果再已知地表形变的某些先验信息，如冰川的滑动与地表平行，则可以获取地表形变的三维信息。

2.2　星载 SAR 干涉测量数据处理

一般的 SAR 数据处理是对其雷达信号回波的强度信息进行分析，根据地物的反射特性对地物进行分类和变化监测等。而 SAR 干涉测量利用的是影像中的相位信息进行距离测量，且影像中的相位是缠绕的，即取值在（$-\pi$, π），所以要通过相位信息来获取雷达图像中地物的几何特征，还需要知道 SAR 传感器的成像参数和相关的卫星轨道信息等。干涉测量的数据处理利用的是经过聚焦的 SAR 影像，即通常所说的 Level-1 级的 SLC 影像。SAR 干涉获取地表形变的数据处理基本流程如图 2.7 所示，数据处理的每个过程获取相应的图像数据和参数，其主要过程可以分为五个部分：①数据的选择及读取；②影像配准和重采样；③干涉生成干涉图；④干涉图相位解缠；⑤地理编码。

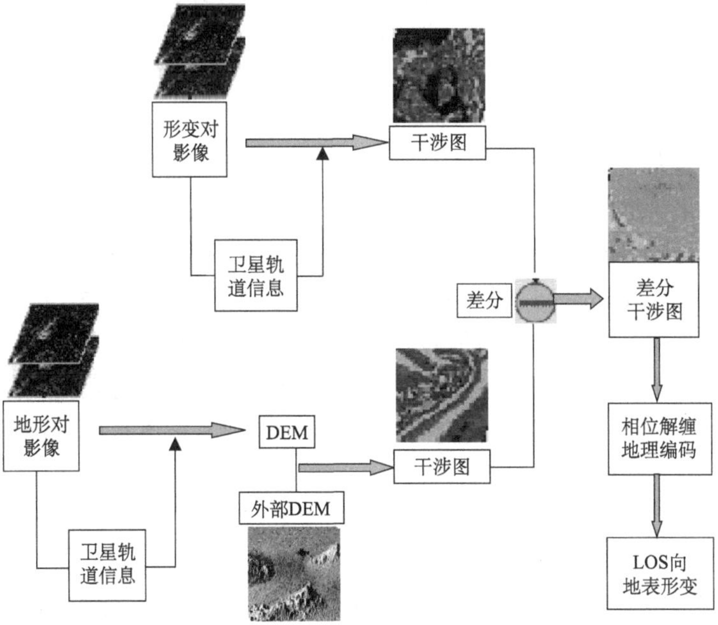

图 2.7　SAR 干涉获取地表形变的数据处理基本流程

2.2.1 数据的选择及读取

SAR 干涉测量成功的关键在于选取合适的 SAR 数据。可用于星载干涉测量的 SAR 系统主要有欧洲太空署的 ERS-1/2、ENVISAT、Sentinel-1，加拿大的 RADARSAT-1/2，日本的 JERS-1、ALOS，德国的 TerraSAR-X，意大利的 COSMO-SkyMed 等（廖明生等，2007）。干涉测量对 SAR 复数图像的数据质量要求比一般应用要苛刻得多，在有多幅可用影像的前提下，选择影像主要考虑传感器类型、影像获取方法、影像对时间和空间基线分布以及成像区域大气和地形情况等。

不同类型的传感器具有不同的雷达波长、带宽、信噪比（SNR）、轨道倾角和重访周期等。星载重复轨道干涉系统使用的波段主要集中在 L 波段（$\lambda = 23$ cm）和 X 波段（$\lambda = 3\,\text{cm}$）之间，低于 L 波段的波长信号受电离层的影响较大，而高于 X 波段的波长信号又容易受天气的影响。另外，不同波长产生的干涉条纹的密度也会不同，ERS-1/2、ENVISAT 和 RADARSAT 卫星采用波长较短的 C 波段，其穿透力和相干性相对于波长较长的 L 波段较差，但是测高的敏感度更高，尤其是 ERS-1/2 的定轨精度高、串行飞行模式的地区重访周期仅为 1 天，是高质量的干涉数据源，因此应用较多；ENVISAT 是在 ERS-1/2 技术基础上发展而来的后继星，搭载的先进合成孔径雷达（ASAR）系统干涉性更好；JERS-1 采用波长较长的 L 波段，所以穿透植被和地表的能力强，成像回波比较稳定，通常影像对的相干性好，然而若其太阳能电池板出现故障会造成雷达供电不足，导致成像的质量不高。

2.2.2 影像配准和重采样

遥感影像的配准是将取自同一目标区域的两幅或多幅影像在空间位置上最佳地套合起来，这些影像或者是同一传感器在不同时刻和不同角度获取的，或者是来自不同传感器的。通常将一幅影像作为主影像（master image），其他的影像作为从影像（slave image），从影像相对于主影像进行配准，首先在主影像和从影像之间找到足够多的一一对应的点对（同名点），由这些同名点作为控制点确定主、从影像之间的相对几何变换模型，然后根据变换模型将从影像重新采样以完成影像配准。SAR 干涉影像的配准精度需要达到亚像元级甚至更高（张祖勋和张剑清，1998）。

2.2.3 干涉生成干涉图

SAR 干涉的实质是获取影像中同一像元的相位差，为消除噪声相位的影响，需要进行多视（multilook）处理，考虑到 SAR 影像在距离向和方位向上分辨率的不一致，通常选取方位向和距离向为 5∶1 的多视比例，从而使得经多视处理后的干涉图分辨率一致。直接获取的干涉图中含有平地相位，平地相位严重影响干涉图的可读性，必须予以去除，这个过程称为去除平地效应。利用 SAR 卫星精密轨道及影像中心经纬度等信息，可以计算每一个像元的平地相位，具体步骤为：①选择干涉图中均匀分布的像元作为参考像元，计算参考像元在主影像成像的时刻和卫星位置，并计算星地距离；②利用参考像元计算对应从影像的成像时刻和卫星位置，并计算星地距离；③计算参考像元到两个卫星的距离差并转化为相位值；④插值求解其他像元的相位值。图 2.8 为去除平地效应前后的干涉图，可以看出去除平地效应后干涉条纹的密度明显减少。

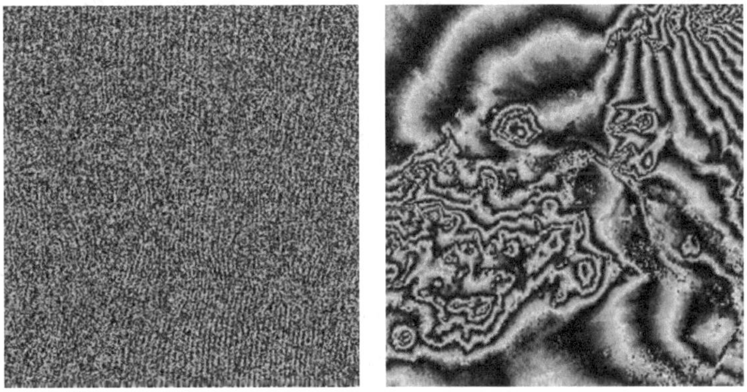

（a）去除平地效应前　（b）去除平地效应后

图 2.8　去除平地效应前后的干涉图

干涉图存在噪声相位，影响相位解缠的精度甚至造成解缠失败，一般在解缠前需对其进行滤波处理，以使相位更加平滑，便于解缠。

2.2.4　干涉图相位解缠

相位解缠就是从干涉图中恢复真实相位的过程。在由两幅复影像相乘得到的干涉图中，其干涉相位是由反正切函数得到的相位值，其主值的取值区间为 $(-\pi, \pi)$，与真实值之间相差整周相位 $2w\pi$，要反演地面上目标的真正高程，则必须解求出整周相位中的 w 值，从而得到真实的相位。由于受地面起伏的复杂性及干涉图噪声的影响，相位解缠过程异常复杂。目前，国内外很多研究者都对相位解缠技术进行了研究，但迄今为止仍没有一个公认的有效算法能满足各种情况下的解缠精度要求，因此，研究稳健可靠的相位解缠算法仍是干涉 SAR 数据处理中的关键和难点之一。

2.2.5 地理编码

经过相位解缠后，就可以得到一幅真正反映地面目标至两天线之间斜距差信息的二维绝对相位图像，这时利用天线和地面目标之间的几何关系，就可推算出相位图像上每个像素点所对应的地面目标高程。但是这种高程值只是一个对应于影像某一点处地面高程数的集合，还不能称为 DEM，因为这个集合还有两个问题没有解决：其一，点与点之间的地面距离不是等间隔的；其二，整个数据集合是按平台飞行方向排列的一个矩阵状数据集合，灰度化后的可视化效果与通常具有地理编码（即按地面坐标系排列）的高程数据集合 DEM 是有差异的。干涉图地理编码实际上就是把干涉图雷达坐标系中以方位向和距离向像元号为坐标的图元坐标系统转化为椭球坐标系下的直角坐标系统。

2.3 几种星载 SAR 系统

2.3.1 ERS-1/2

地球资源卫星 ERS-1 由欧洲太空署于 1991 年 7 月发射。该卫星装载了 C 波段 SAR，采用 VV 极化天线，可获得 30m 空间分辨率和 100km 幅宽的高质量图像。1995 年 4 月 21 日，欧洲太空署发射姊妹星 ERS-2。两颗卫星分别于 2000 年和 2011 年退役，在轨运行总时间达 20 年，为 SAR 干涉变形监测提供了大量卫星影像，是早期研究星载 SAR 干涉变形监测的主要数据源，特别是两者组成的串行模式对同一地区的成像仅相隔 1 天，可保持较好的相干性。ERS 系列卫星的主要用途是对陆地、海洋、冰川、海岸线成像，其主要技术参数如表 2.1 所示。

表 2.1　ERS-1/2 主要技术参数

技术指标	ERS-1/2
轨道	倾斜角：38°；高度：259 km
频率/GHz	5.3（C 波段）
波长/m	0.56
极化方式	VV
分辨率/m	距离向：26.3；方位向：6～30
入射角（视角）/（°）	23（固定）
幅宽/km	100
脉冲重复频率（PRF）/Hz	1640～1720

2.3.2 ENVISAT

ENVISAT 是欧洲太空署于 2002 年 3 月发射成功的一颗极轨对地观测卫星，它是 ERS-1/2 卫星对地观测任务的延续。ASAR 是搭载在 ENVISAT 上的 SAR 传感器之一，工作在 C 波段，继承了 ERS-1/2 的成像模式，同时增强了覆盖率、入射角范围、极化和工作模式等方面的功能。相比之前的 SAR 系统，其优点主要表现在以下几个方面：①仪器的性能大大改进，具有扫描合成孔径雷达（ScanSAR）模式，该模式幅宽达 500km；②可获得垂直和水平极化的信息；③可提供 7 个条带、入射角在 15°～45°的雷达数据，宽幅模式可提供 400km 以上的图像。

2.3.3 RADARSAT

RADARSAT-1 的主要探测目标是海冰，同时兼顾陆地成像，该卫星由加拿大于 1995 年 11 月 4 日发射，卫星重复周期 24 天，有 7 种工作模式、25 种波束、不同入射角，因而具有多种分辨率、不同幅宽和多种信息特征。RADARSAT-2 是继 RADARSAT -1 之后，加拿大于 2007 年 12 月 14 日发射的又一颗商用 SAR 卫星。RADARSAT-2 与 RADARSAT-1 拥有相同的轨道，但是比 RADARSAT-1 滞后 30min。RADARSAT 的主要工作模式如表 2.2 所示。

表 2.2　RADARSAT 主要工作模式

工作模式	波束位置	入射角/（°）	分辨率/m	幅宽（方位向×距离向）/（km×km）
精细模式	F1～F5	37～48	10	50×50
标准模式	S1～S7	20～49	30	100×100
宽模式	W1～W3	20～45	30	150×150
窄幅 ScanSAR	SN1	20～40	50	300×300
	SN2	31～46	50	300×300
宽幅 ScanSAR	SW1	20～49	100	500×500
超高入射角模式	H1～H6	49～59	25	75×75
超低入射角模式	L1	10～23	35	170×170

2.3.4 ALOS

ALOS 卫星作为 JERS 的后继者，于 2006 年 1 月 24 日发射升空，其搭载的 PALSAR 传感器能够进行全极化、多视角的对地观测，相对于 JERS 在辐射和几何方面的性能都有较大改进。PALSAR 中心频率为 1270MHz，波长为 23.6cm。

该传感器具有高分辨率、扫描式、极化三种观测模式，使之能获取比普通 SAR 更宽的地面幅宽。表 2.3 为 PALSAR 传感器的基本参数。

表 2.3 PALSAR 传感器的基本参数

模式	高分辨率模式		扫描式模式	极化模式
中心频率/MHz	1270（L 波段）		1270（L 波段）	1270（L 波段）
线性调频宽度/MHz	28	14	14, 28	14
极化方式	HH/VV	HH+HV/VV+VH	HH/VV	HH+HV+VH+VV
入射角/（°）	8～60	8～60	18～43	8～30
空间分辨率/m	7～44	14～88	100	24～89
幅宽/km	40～70	40～70	250～350	20～65
量化长度/bit	5	5	5	3 或 5

注：当侧视角度为 41.5°时，PALSAR 观测区域在北纬 87.8°至南纬 75.9°之间

2.3.5 COSMO-SkyMed

COSMO-SkyMed 是由意大利国防部（MDD）和意大利航天局（ASI）共同资助的地球观测系统。该系统由 4 颗卫星组成，每颗卫星搭载 X 波段（3.1cm）高分辨率 SAR，可在数小时内实现同一区域的重复观测，且两个相隔 151km 的卫星能在 20s 内对同一区域成像。

COSMO-SkyMed 有以下几种工作模式：

（1）扫描（ScanSAR）模式。该模式具有较大的幅宽，成像采用邻近条带模式，空间分辨率较低。其中 Wide Region 模式包括 3 个子条带，距离向和方位向可达 100km，地面分辨率约为 30m；Huge Region 模式有 6 个子条带，距离向和方位向可达 200km，地面分辨率约为 100m。

（2）条带（stripmap）模式。该模式通过沿飞行方向固定天线指向，雷达天线发射信号在地表形成一个条带。该模式有 HIMAGE 和 Ping Pong 两种可选模式，HIMAGE 模式幅宽 40km，地面分辨率大约为 3m。Ping Pong 模式方位向幅宽 30km，地面分辨率大约为 15m。

（3）聚束（spotlight）模式。该模式下系统控制雷达天线持续照射监测区域，从而增加 SAR 长度和提高空间分辨率。该模式下幅宽 10km，地面分辨率约为 1m。

2.3.6 TerraSAR-X

TerraSAR-X 由德国联邦教育和研究部（BMBF）、德国航空航天局（DLR）

及 Astrium GmbH 公司合作研制。TerraSAR-X 重点考虑了干涉测量的需求，在雷达遥感发展史尚属首次。该系统采用太阳同步轨道，轨道高度约为 514km，轨道倾角为 97.4°，重复观测周期为 11 天，可以有效地提高影像的相干性。TerraSAR-X 载波频率为 9.65GHz，波长为 3.2cm，脉冲重复频率为 3～6.5kHz，距离向带宽为 1500MHz，天线视向为右侧。

TerraSAR-X 有多种成像模式，可以采用单极化、双极化、全极化等不同的极化方式。传感器成像模式几何示意图如图 2.9 所示。

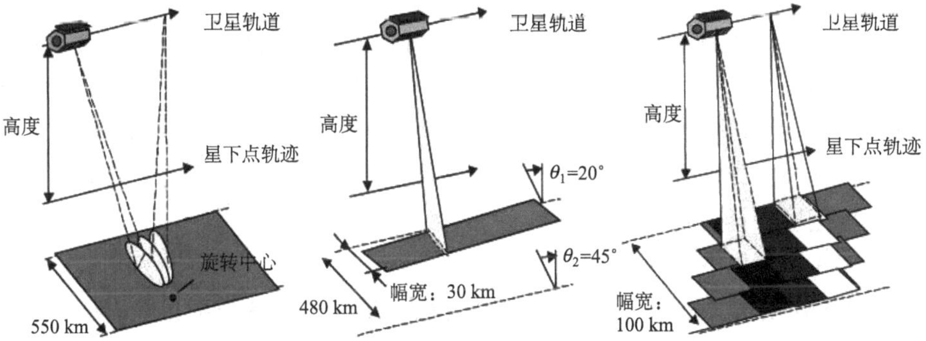

(a) 聚束成像模式　(b) 条带成像模式　(c) 宽扫成像模式

图 2.9 TerraSAR-X 传感器成像模式几何示意图

（1）聚束成像模式（spotlight mode）。此模式的主要特点是几何分辨率高、入射角可选、多种极化方式，可提供多种成像方式的雷达影像数据产品。其获取的数据产品加上精密轨道数据，可以用于重复轨道干涉测量。

（2）条带成像模式（stripmap mode）。以入射角固定的波束沿飞行方向推扫成像，主要特点是几何分辨率高、覆盖范围较大、入射角可选。其数据产品加上精密轨道数据，也可以用于重复轨道干涉测量。

（3）宽扫成像模式（ScanSAR mode）。雷达波束在成像时沿距离向扫描，使观测范围加宽，同时也将降低方位向分辨率。其主要特点是中等几何分辨率、覆盖率高、能够平行获取多于 4 个扫描条带的影像、入射角可选、多种极化方式等。

2.3.7 哨兵 1 号（Sentinel-1）

哥白尼计划是欧盟委员会（European Commission，EC）和欧洲太空署联合实施的对地观测计划，其前身为全球环境和安全监测（global monitoring for environment and security，GMES）计划。该计划由一系列的哨兵（Sentinel）卫星星座组成，其中最先实施的哨兵 1 号（Sentinel-1）SAR 成像专用星座，旨在提供中高分辨率、高重访周期的 SAR 全球监测。哨兵 1 号星座由 A 和 B 两颗同轨道的极地卫星组成，在赤道地区 6 天就可实现对同一地区的重访。首颗哨兵 1 号 A 卫星（Sentinel-1A）于 2014 年 4 月 3 日升空，该卫星拥有一个长 12m 的雷达天线，工作频率为 5.405GHz，它是继 ERS-1/2（5.3GHz）和 ENVISAT ASAR（5.331GHz）之后，欧洲太空署发射的又一颗 C 波段的 SAR 卫星，并在信噪比上有进一步的改善，SM 模式的空间分辨率提高到了 5m×5m，重访周期提高到了 12 天。

哨兵 1 号 A 卫星采用预编程的无冲突运行方式，6 个雷达波束发射器（beams）均可以以不同的倾斜角全天时全天候对地进行扫描成像，形成方位向连续、不同幅宽的 SAR 影像条带，影像条带的幅宽与成像模式有关，一般由多个子幅（sub-swath）组成。SAR 影像的每个子幅由一系列的波束单元（bursts）组成，每个波束单元单独处理成 SLC 影像，每个子幅由这些单独聚焦处理的波束单元按照方位向时间顺序排列组成。

哨兵 1 号有以下几种成像模式：

（1）SM 模式（stripmap mode）。SM 模式使用 6 个波束发射器中的一个，以固定的视角对地进行扫描，在地面上形成一个宽度约为 80km 的扫描带，该模式获取的影像空间分辨率为 5m×5m。

（2）IW 模式（interferometric wide swath mode）。IW 模式利用 TOPSAR（the terrain observation with progressive scans SAR）成像技术获取 3 个子幅，幅宽为 250km，空间分辨率为 5m×20m（距离向×方位向）的 SAR 影像。该模式有 VV 和 VH 两种极化方式，主要用于陆地监测。相比 ScanSAR 技术，TOPSAR 成像技术不仅在距离向转动扫描设备，而且在方位向利用电子技术转动扫描方向，使得整幅 SAR 成像使用同一个扫描设备，削弱了同幅影像内的雷达扇形信号误差，提高了影像的一致性；但相对于 SM 模式，其在方位向的移动使雷达波束照射时间短，降低了方位向的分辨率，同时也增加了后续数据处理的难度。为保证影像的连续性，每个波束单元和子幅之间都有一定的重叠。为使干涉影像对覆盖的区域相同，IW 模式不同时刻同轨道的影像条带都需要进行同步对齐，这种同步误差要求小于 5ms。TOPSAR 的这种在方位向的转动扫描导致大约为 5.5 Hz 的多频率中心频率差，这使得很小的配准误差将产生方位向的相位坡度（方位向干涉条纹），为校正此项误差，方位向的配准精度要达到 0.001 像元才能获取小于 3°的相位误差。

（3）EW 模式（extra wide swath mode）。EW 模式同样使用 TOPSAR 成像技术，5 个子幅组成的 SAR 影像具有更宽的幅宽。该模式以空间分辨率的损失获得 400km 的幅宽，其距离向和方位向空间分辨率分别为 20m 和 40m。EW 模式和 IW

模式成像方式相似，可用于干涉测量。

（4）WV 模式（wave mode）。WV 模式沿卫星轨道方向每隔 100km 以两个不同的视角（23°和 36.5°）获取一个 20km×20km 大小、5m×5m 空间分辨率、VV 极化的影像，两个相同视角的影像之间相隔 200km，如图 2.10 所示。WV 模式主要用于海洋监测。

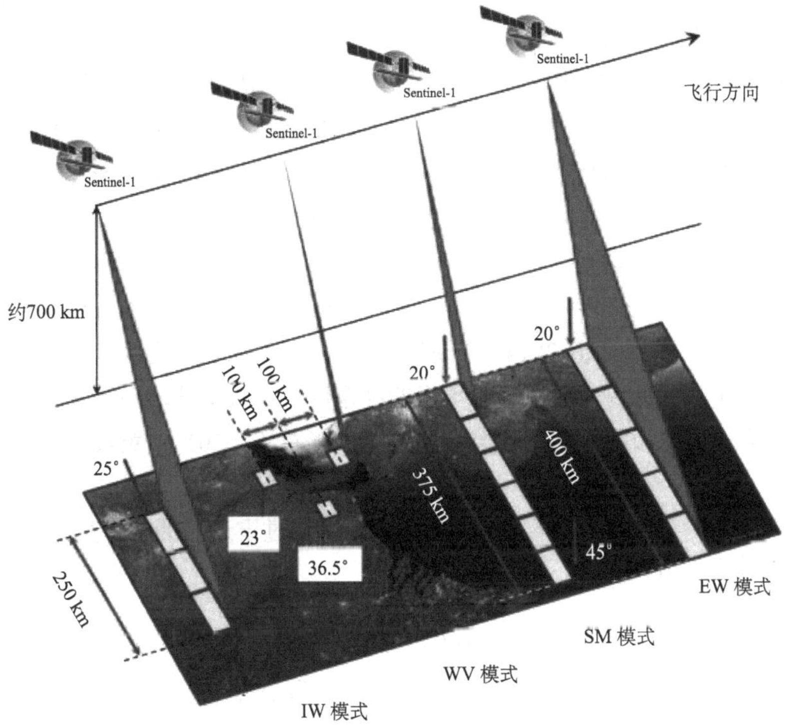

图 2.10　Sentinel-1 成像模式

哨兵 1 号星座能提供的重访周期比 ERS-1/2 和 ENVISAT ASAR 更短，单个的哨兵 1 号卫星 IW 模式影像的重访周期为 12 天（单独的升轨道或者降轨道），两个卫星组成的星座仅 6 天就可以对赤道地区进行重访，由于卫星轨道的密度与纬度有关，高纬度地区的重访周期更短。若仅考虑影像的重访频率（升轨道和降轨道的覆盖重访频率），则哨兵 1 号星座赤道处为 3 天，高纬度地区更短，欧洲大约为 2 天。

2.4　地基 SAR 变形监测技术方法

2.4.1　地基 SAR 成像原理

星载 SAR 干涉技术的优势是能获取大面积地表变形监测信息，但其针对单个建筑物或者变形体的监测还存在诸多不足，比如，①时空失相干降低了干涉图的质量，影响变形监测的可靠性和可行性；②受可获取影像数量和空间分辨率的限制，变形监测的时空分辨率难以满足实际工程需要，特别是难以实现单个建（构）筑物的变形监测；③大气延迟误差影响严重，特别是高差大的山区、山顶和山脚大气环境相差很大；④星载 SAR 视角固定，且仅对雷达 LOS 向形变敏感，导致某些区域的变形体无法监测到。为克服星载 SAR 干涉变形监测技术受雷达视角、失相干和大气延迟的限制，近十几年来，人们将干涉平台从空中移至地面，实现了地基合成孔径雷达干涉（ground based interferometry SAR，GB-InSAR）变形监测新技术（Monserrat et al., 2014）。该技术基于微波主动成像方式获取监测区域二维影像，能在几分钟内获取数平方千米的高精度、高时空分辨率的变形信息，广泛应用于滑坡、冰川和大坝变形监测（于泓和彭军还，2011；黄其欢和张理想，2011）。

地基雷达发射并接收从物体返回的雷达波，通过雷达波的传播延时 Δt 获取目标到雷达的距离 (R)：

$$R=\frac{c\Delta t}{2} \tag{2.30}$$

式中，c 为真空中的光速。区分雷达在传播方向（距离向）的能力称为距离向分辨率 (Δr)：

$$\Delta r=\frac{c\tau}{2} \tag{2.31}$$

式中，τ 为所发射雷达波的时长，由于 τ 与信号带宽 (B) 满足 $\tau B=1$，则

$$\Delta r=\frac{c}{2B} \tag{2.32}$$

可以看出，为提高雷达距离向分辨率，必须缩短 τ 或者提高 B，然而，发射高频率脉冲波就必须以牺牲雷达作用距离为代价。不同于脉冲雷达在极短时间内发射大带宽的脉冲信号，地基 SAR 采用步进频率连续波（the stepped-frequency continuous wave，SF-CW）技术序贯地发射一组窄带宽脉冲 τ（设共有 N 个脉冲），如图 2.11 所示，其中每个脉冲的载频是均匀步进的，步进量为 Δf（一般取

$\Delta f = 1/\tau$），其带宽(B)为

$$B = (N-1)\Delta f \tag{2.33}$$

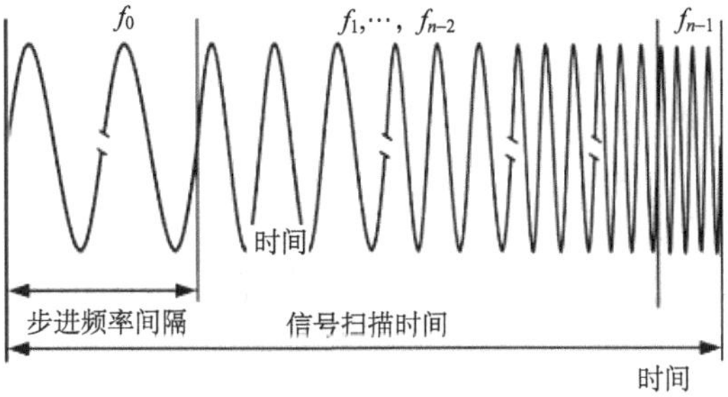

(a) SF-CW信号波形

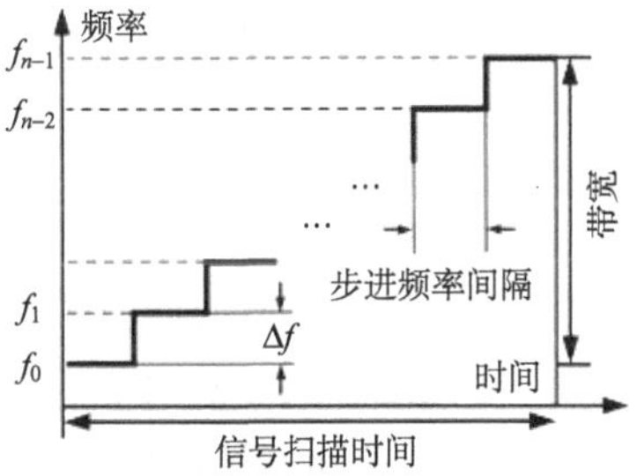

(b) SF-CW信号频率变化

图 2.11　SF-CW 信号示意图

对这串脉冲的回波信号用与其载频相应的本振频率进行混频，再对混频后的 N 个脉冲回波数据进行脉冲相参合成处理，这样合成所得脉冲宽度可达 τ/N，即距离向分辨率是单个脉冲测量时的 N 倍。

单次发射的雷达波只能获取距离向信息，垂直于距离向即方位向的信息是雷达天线长度的函数，天线越长，方位向分辨率越高。合成孔径技术使雷达突破了物理天线宽度的限制，提高了方位向分辨率。地基 SAR 将信号发射器安装在长度为 L 的滑轨上，通过移动滑轨上的反射器实现如星载 SAR 的轨道运动。地基 SAR 的方位向分辨率$(\Delta\theta)$可以表示为

$$\Delta\theta = \frac{\lambda}{2L} \tag{2.34}$$

式中，λ 为雷达发射波长；L 为雷达发射点相对于监测目标的相对移动距离。

地基 SAR 以固定的视角沿滑轨不断地发射和接收回波信号，经过聚焦处理后形成极坐标形式的二维 SAR 影像。经过聚焦处理后的 SAR 影像，其距离向分辨

率是固定的，而方位向分辨率与 $\Delta\theta$ 和距离有关。如图 2.12 所示，通过距离向和方位向的结合，监测区域被分割成若干个二维的小单元，距离越远，分辨率越低。

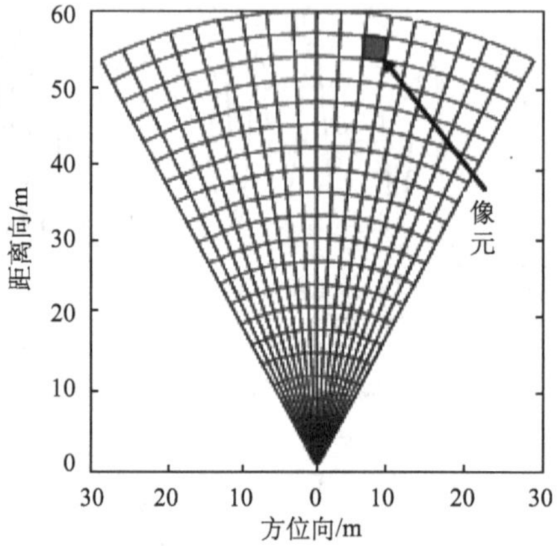

图 2.12　地基 SAR 影像分辨率示意图

地基 SAR 发射雷达波束，并根据地表反射回波的接收顺序记录并处理成 SAR 影像，这样距离近的物体就先被记录下来，这种成像的几何模式导致了类似于星载 SAR 图像中的透视收缩、顶底位移和雷达阴影等几何形变现象。

2.4.2　地基 SAR 变形监测原理

地基 SAR 通过干涉技术获取两次观测的相位差进行 LOS 向的变形监测，其监测原理如图 2.13 所示。

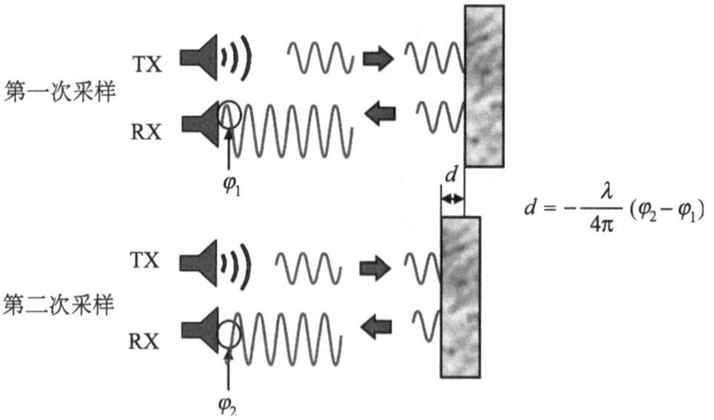

图 2.13　地基 SAR 干涉变形监测原理示意图

设地基 SAR 两次测量获取的相位为 φ_1 和 φ_2，期间目标发生 LOS 向变形 d（远

离观测点位移为负，靠近观测点位移为正)，考虑到大气延迟及测量噪声的影响，两次测量的相位差表示为

$$\Delta\phi = -\frac{4\pi}{\lambda}d + \Delta\phi_{\text{atm}} + \phi_{\text{noise}} \tag{2.35}$$

式中，$\Delta\phi$ 表示两次测量的相位差；$\Delta\phi_{\text{atm}}$ 为大气延迟相位差；ϕ_{noise} 为观测噪声。若不考虑大气延迟及观测噪声，被测目标雷达 LOS 向的形变为

$$d = -\frac{\lambda}{4\pi}\Delta\phi \tag{2.36}$$

2.5　几种地基雷达变形监测系统

目前已有多个国家研发了不同类型的地基雷达变形监测系统，根据雷达体制和成像原理的不同，主要包括两种类型——地基真实孔径雷达系统和地基合成孔径雷达系统。地基雷达变形监测系统一般由以下几部分组成：①雷达传感器，也叫雷达天线，用来发射和接收雷达波信号；②频率调制装置，即用来调节雷达波的发射形式；③数据采集与控制设备，主要由笔记本电脑及软件组成，用来控制整个系统和存储数据；④供电系统；⑤辅助设备，如气象数据采集设备、数字图像采集与监控设备等。

2.5.1　IBIS-S 系统

IBIS-S 系统是由意大利 IDS 公司和佛罗伦萨大学经过 6 年长期合作研发的成果，其扫描图像是一维图像，即获取监测区域选定点的 LOS 向的位移信息（图 2.14）。该系统主要对桥梁、建筑物、高塔等易发生微小振动变化的物体进行精确变形监测，分析建筑物或桥梁上每一点的变形、振动情况。

图 2.14　IBIS-S 变形监测系统

2.5.2 LISA 系统

LISA 系统是 JRC 于 1999 年研制的最早的地基 SAR 系统，JRC 在 1999 年首次用 LISA 系统对大坝进行了变形监测实验，并获得了较高的精度，实验结果证明了 LISA 系统可用于大型建筑物位移监测。如图 2.15 所示，LISA 系统由一组水平轨道和竖直轨道、一对接收和发射天线以及雷达信号控制系统和数据采集系统等组成。该系统采用 SF-CW 技术，可工作于 C 或 Ku 波段，扫描时间大约为 14min，横向分辨率大约为 2m，理论上 LOS 向精度为 0.5mm。该系统主要用于滑坡、大坝、历史建筑物等的变形监测。

图 2.15　LISA 系统

2.5.3 IBIS-L 系统

IBIS-L 系统是典型的 SF-CW SAR，可对大坝、边坡、建筑物等易发生微小位移变化的物体进行精确的监测。IBIS-M 系统在 IBIS-L 系统的基础上增加了太阳能电池板、监测报警单元、工业级高精度以太网式相机、智能发电机、气象监测单元和 WiFi 无线数据传输单元，主要用于矿井边坡的监测。图 2.16 为 IBIS-L 系统，其由传感器模块、定位模块、PC 控制终端和供电模块组成。传感器模块负责产生、发射和接收微波信号，可方便地安装在定位模块上，用 USB 接口连接 PC 数据处理终端，通过传感器在定位模块上的滑动产生合成孔径效果，使得 IBIS-L 系统可以获取监测区的二维影像。定位模块由一个 2m 长的铝制滑轨构成，利用该滑轨以及安装在一侧的步进马达装置推动传感器的滑动。PC 控制终端拥有管理软件，提供数据采集的参数控制、测量过程管理和数据处理结果等实时可视化功能。供电模块利用电池组或外接电源为系统供电。

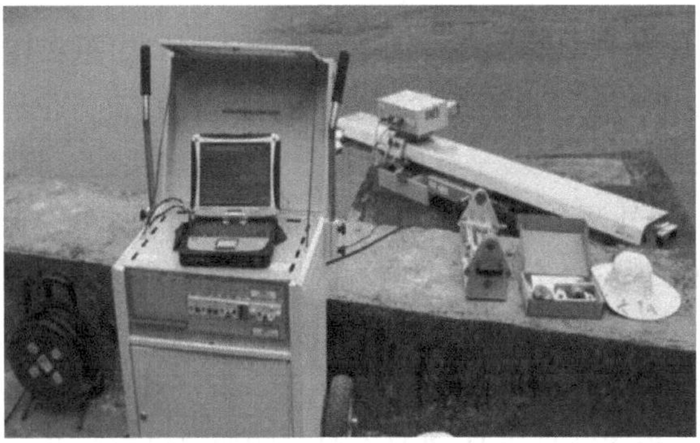

图 2.16　IBIS-L 系统

2.5.4　SSR 系统

SSR（the slope stability radar）系统由 GPNA 公司（The North American Subsidiary of Ground Probe）于 2005 年研制成功，系统质量约为 1500kg，如图 2.17 所示。为方便运输，SSR 系统的整体安装在一个拖车上，测量时可将整个系统从拖车上拆卸下来，以保证测量过程稳定。SSR 系统通过天线在三脚架上的旋转获取 SAR 影像，最大监测距离为 1700m，水平向扫描范围为 320°，竖直向扫描范围为 ±60°，每次扫描的时间根据监测区域的大小为 1～10min，数据可以通过无线方式进行传输，带孔圆盘状天线使其受风力影响变小，具有较强的抗干扰性。SSR 系统的供电系统每隔 3.5h 自动进行充电，配备的数据处理软件 SSR Viewer 带有预警系统，可根据监测区域的情况设定位移阈值，对超出设定阈值的变形做出警报。SSR 系统广泛用于矿井边坡监测，2009 年该系统已经在世界上 17 个国家中销售了八十多套。

图 2.17　SSR 系统

2.5.5 GPRI 系统

GPRI 系统由瑞士 GAMMA 公司于 2005 年研制，如图 2.18 所示。和传统的 SAR 不同，该系统不需要通过天线在轨道上的移动来提高方位向的分辨率，GPRI 系统的三个 2m 长的 RAR 天线平行安置于一个带旋转头的三脚架上，其中一个天线用于信号发射，另外两个用于信号接收。该系统通过天线绕竖轴的水平旋转获取雷达影像。GPRI 系统不仅能获取监测区域的位移信息，而且可利用两个平行的接收天线获取的 SAR 影像组成干涉对获取高程信息。GPRI 系统将发射和接收天线分开设置，能有效削弱外部无线电的干扰，且天线的位置和角度可以进行轻微调整。然而较长的天线容易变形，即使几毫米的弯曲也能严重降低影像的分辨率。

图 2.18　GPRI 系统

2.5.6 RiskSAR 系统

RiskSAR 系统由加泰罗尼亚理工大学遥感实验室与地质工程和地球科学学院共同研发。该系统有一个发射天线和两个置于不同高度的接收天线，如图 2.19 所示。系统采用调频连续波（frequency modulated continuous wave，FM-CW）技术，用一个频率合成芯片装置将发射的微波信号转换成高频率的线性步进调制频率连续波信号，工作波段可选择 L、C、X、Ku 波段，扫描时间小于 3min，扫描范围为 0.1～1.5km，轨道长 5.5m。目前该系统还处于研制阶段。

2.19　RiskSAR 系统

地基雷达的核心部件是用于产生 SF-CW 的矢量网络分析仪（vector network analyzer，VNA），近几年，更为先进的 FM-CW 技术正在代替 SF-CW 技术，基于 FM-CW 技术的地基雷达不仅具有良好的可操作性，且数据采集的时间明显缩短，设备更为廉价。

2.6　小　　结

本章介绍了星载 SAR 成像及干涉变形测量的原理和数据处理流程，并对几种星载 SAR 系统及其主要参数进行了阐述；针对地基雷达，研究了其成像过程及变形监测原理，同时介绍了几种地基雷达变形监测系统。

参 考 文 献

黄其欢，张理想. 2011. 基于 GBInSAR 技术的微变形监测系统及其在大坝变形监测中的应用. 水利水电科技进展, 31(3): 84-87.

廖明生，林珲. 2003. 雷达干涉测量——原理与信号处理基础. 北京：测绘出版社.

廖明生，田馨，赵卿. 2007. TerraSAR-X/TanDEM-X 雷达遥感计划及其应用. 测绘信息与工程, 32(2): 44-46.

于泓，彭军还. 2011. IBIS-M 系统在露天矿边坡监测的应用. 采矿技术, 11(4): 46-49.

张祖勋，张剑清. 1998. 遥感影像的高精度自动配准. 武汉测绘科技大学学报, 23(4): 320-323.

Hanssen R F. 2001. Radar Interferometry Data Interpretation and Error Analysis. Netherlands: Springer.

Hanssen R F, Weckwerth T M, Zebker H A, et al. 1999. High-resolution water vapor mapping from interferometric radar measurements. Science, 283(5406): 1297-1299.

Monserrat O. 2012. Deformation measurement and monitoring with ground-based SAR. Institute of Geomatics.Castelldefels, Spain.

Monserrat O, Crosetto M, Luzi G. 2014. A review of ground-based SAR interferometry for deformation measurement. ISPRS Journal of Photogrammetry and Remote Sensing, 93: 40-48.

第 3 章　SAR 干涉时间序列分析法

DInSAR 测量技术为人们提供了全天时全天候获取高精度地表变形信息的空间技术手段，使得利用遥感技术进行地表变形监测成为可能。然而，常规 DInSAR 技术易受时间、空间失相干和大气延时的影响，限制了其在地表变形监测领域尤其是长时间缓慢地表变形监测中的应用（Tough et al., 1995）。本章主要研究 SAR 干涉的时间序列分析法，并以短基线 InSAR 法（Berardino et al., 2002）和永久散射体 InSAR 法（Ferretti et al., 2001）为代表，阐述其基本原理。另外，差分干涉的时间序列分析法增加了大量 SAR 影像，大大增加了干涉图的数量，使干涉图之间可形成闭合环，可以在时间、空间上对差分干涉相位进行闭合环检测，本章最后研究考虑上述闭合条件的 2D+1D 相位解缠方法。

3.1　SAR 干涉局限性与时间序列分析

3.1.1　SAR 干涉变形监测的局限性

SAR 干涉变形监测的局限性主要是影像失相干和大气相位的影响（Li et al., 2006）。一方面，SAR 干涉处理需要主辅影像保持相干性，影像的相干性用相干系数表示（王超等，2002）。理论上，相干系数是定义在两个随机平稳序列 $s_1(t)$ 和 $s_2(t)$ 上的，然而 SAR 传感器并不能获得同一时刻的多次观测，在假设平稳序列 $s_1(t)$ 和 $s_2(t)$ 各态历经的基础上，利用大小为 L 的窗口空间平均代替汇集平均，以 $\hat{\gamma}$ 作为原始相干值 γ 的估计：

$$\hat{\gamma}=\frac{\left|\sum_{l=1}^{L}s_1(l)s_2^*(l)\right|}{\sqrt{\sum_{l=1}^{L}|s_1(l)|^2\sum_{l=1}^{L}|s_2(l)|^2}} \tag{3.1}$$

式中，*表示复数的共轭算子。

但重复轨道干涉卫星两次观测的视角不同，并且两次观测间隔内目标的散射特性也发生了变化，导致 SAR 影像失相干，前者称为几何失相干，后者称为时间失相干，严重失相干的影像会导致干涉处理失败。

几何失相干主要是指因两次观测卫星视角差异引入的失相干，一般主辅影像卫星的空间基线越大，相干性越差，当空间基线超过临界基线B_c时，两幅影像将完全失相干。

$$B_c = \frac{\lambda R}{2\rho\cos(\theta - \beta)} \tag{3.2}$$

式中，λ、R、ρ分别为SAR系统波长、星地斜距及影像距离向分辨率；θ、β分别为卫星入射角和地面坡度。例如，对ERS-1/2而言，波长为0.056m，入射角为23°，斜距约为825km，距离向分辨率为25m，若假设地面坡度为0，则其极限基线为1048m。

时间失相干主要指散射体在分辨单元内的位置或者自身散射特性随时间的变化，其保持相干的时间长短与散射体本身性质有关。一般水体的相干时间滞后几十微秒；农作物和植被区域的相干时间根据植被自身的生长情况可以是数小时到数天；而对于裸露岩石或者人工建筑物而言，由于自身散射特性稳定，其相干性可保持数年。

另外，重轨干涉相位除了包含两次观测间隔目标的变形信息，还包括地形相位、两次观测时不同大气状况造成的大气相位及观测噪声。电磁波在介质中的传播速度与介质折射率有关，而进行干涉处理时采用了真空光速，从而在干涉相位中引入了大气折射率导致的附加距离，通常称为大气延迟。如果重复轨道SAR干涉处理的两次观测大气环境完全一致，在干涉处理时可以抵消大气延迟。但实际情况并非如此，大气环境的差异导致干涉图中的大气相位与变形混合在一起，严重影响变形监测的精度和可靠性，特别是对于长时间缓慢变形监测的影响尤为明显。

3.1.2 SAR干涉时间序列分析法

SAR干涉法可探测大面积地震形变，是目前SAR干涉最为成功的应用。然而，常规SAR干涉探测长时间缓慢地表变形还存在诸多问题（黄其欢和何秀凤，2007；葛大庆等，2008）。针对失相干和大气相位对SAR干涉的影响，人们逐渐把注意力从研究大面积高相干区域的常规SAR干涉法集中到长时间序列上高相干区域甚至个别相干点上的新技术和方法。这类方法采用多幅SAR影像产生序列干涉图，从中选取高相干像元，以损失空间分辨率换取时间分辨率，通过对组成各干涉相位分量的时空特征进行时间序列分析，逐步分离各相位分量，进而提高待求量的精度和稳定性，使SAR干涉技术在长时间缓慢变形监测应用方面迈出了重要的一步。这种基于差分干涉图的高相干区域时间序列分析变形监测的代表方法有：①人工角反射器干涉测量（corner reflector InSAR，CR-InSAR）法；②永久散射体干涉测量（permanent scatterer InSAR，PS-InSAR）法；③短基线集干涉测量（small baseline subsets InSAR，SBAS-InSAR）法。

CR-InSAR 法需要人工安装角反射器，监测点的数量受角反射器个数的限制，监测成本相对较高，失去了常规 SAR 干涉法获取大范围地表变形的优点（Xia et al.，2004）；PS-InSAR 法克服了 CR-InSAR 法监测成本高的缺点，该方法要求被监测区域内有足够多的自然反射点，可靠 PS 点的选取算法是该方法的关键步骤之一。针对 SAR 干涉长时间序列干涉纹图中缺乏大面积连续高相干区域，造成无明显干涉纹图，噪声相位使得相位解缠困难等问题，Berardino 等（2002）建立了短基线 DInSAR 测量方法，该方法将影像分成多个具有较短空间基线的影像集，利用短基线影像集内的影像产生差分干涉图以提高空间相干性，并通过对差分干涉图的多视处理降低相位噪声，然后提取高相干像元，应用奇异值分解求得影像序列间平均变形速率的最小范数最小二乘解。

3.2　短基线 SAR 干涉变形监测方法

3.2.1　基本原理

与 PS-InSAR 法的唯一主影像获取干涉图不同，短基线 SAR 干涉法根据影像空间基线的关系，将影像分成数个子集，子集内的影像两两干涉生成干涉图（黄其欢，2009）。设有按时间顺序 $t_0,\cdots,t_N$ 获取的 $N+1$ 幅单视复数 SAR 影像，首先，从中选定一主影像 t_m，其他影像为从影像，并将从影像配准到主影像；然后，设定垂直基线阈值（一般为 300 m），将垂直基线小于该阈值的影像归为一组，共分为 L 组，如图 3.1 所示；最后，每个组内的影像进行差分干涉处理，最终 L 组影像共得到 M 幅差分干涉图，差分干涉图的个数 M 可表示为

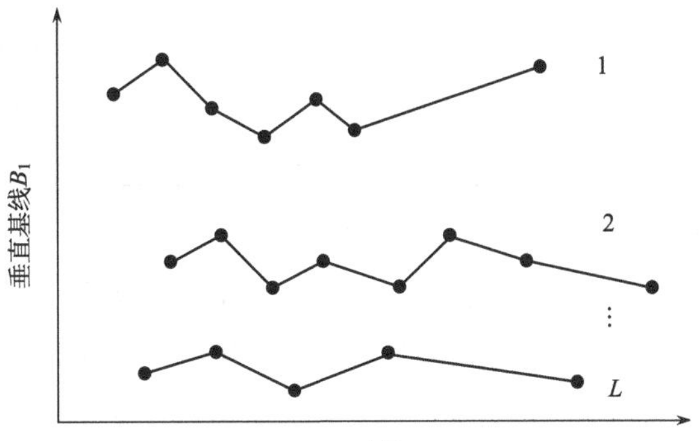

图 3.1　短基线 DInSAR 法影像分组示意图

$$\frac{N+1}{2} \leqslant M \leqslant N\left(\frac{N+1}{2}\right) \tag{3.3}$$

以 t_0 时刻为变形参考时刻，任意时刻 t_i（$i=1,\cdots,N$）相对于参考时刻的差分相位 $\phi(t_i)$ 为未知参数，观测量为数据处理获取的差分干涉相位 $\delta\phi(t_k)$（$k=1,\cdots,M$）。假定所有的差分干涉图都得到正确解缠，且差分干涉相位被校正到某个稳定或形变信息已知的高相干参考像元 (x_0,r_0) 上，则有如下两个时间序列：

$$\phi(t_i):\phi=[\phi(t_1),\cdots,\phi(t_N)]^{\mathrm{T}} \tag{3.4}$$

$$\delta\phi(t_k):\delta\phi=[\delta\phi(t_1),\cdots,\delta\phi(t_M)]^{\mathrm{T}} \tag{3.5}$$

对第 k 幅（$k=1,\cdots,M$）差分干涉相位图中的任意像元 (x,r)，在不考虑大气延迟相位和 DEM 误差相位时，可以组成如下方程：

$$\begin{aligned}\delta\phi_k(x,r)&=\phi(t_B,x,r)-\phi(t_A,x,r)\\&\approx\frac{4\pi}{\lambda}[d(t_B,x,r)-d(t_A,x,r)]\end{aligned} \tag{3.6}$$

式中，λ 为雷达波长；$d(t_A,x,r)$ 和 $d(t_B,x,r)$ 分别为 t_A 和 t_B 时刻像元 (x,r) 相对于参考时刻 t_0 的 LOS 向地表形变，其中，

$$\phi(t_A,x,r)=\frac{4\pi}{\lambda}d(t_A,x,r),\quad d(t_0,x,r)=0 \tag{3.7}$$

假设 $\mathbf{IE}=[\mathrm{IE}_1,\cdots,\mathrm{IE}_M]$ 和 $\mathbf{IS}=[\mathrm{IS}_1,\cdots,\mathrm{IS}_M]$ 分别为干涉数据处理时按时间顺序排列的主影像序列和从影像序列，且满足 $\mathrm{IE}_k>\mathrm{IS}_k$（$k=1,\cdots,M$），则所有的差分干涉相位可以组成如下观测方程：

$$\delta\phi_k=\phi(t_{\mathrm{IE}_k})-\phi(t_{\mathrm{IS}_k}),\quad k=1,\cdots,M \tag{3.8}$$

式（3.8）是一个含有 N 个未知数的具有 M 个方程的方程组，改写成如下形式：

$$\delta\phi=\boldsymbol{A}\phi \tag{3.9}$$

式中，$\boldsymbol{A}$ 为 $M\times N$ 阶矩阵，有 $A_{(k,\mathrm{IS}_k)}=-1$，$A_{(k,\mathrm{IE}_k)}=+1$，其他情况为 0。例如，如果第 1 幅差分干涉图相位 $\delta\phi_1$ 由 t_2 和 t_4 时刻的 SAR 影像干涉得到，第 2 幅差分干涉图相位 $\delta\phi_2$ 由 t_1 和 t_3 时刻的 SAR 影像干涉得到，即 $\delta\phi_1=\phi_4-\phi_2$，$\delta\phi_2=\phi_3-\phi_1$，则矩阵 $\boldsymbol{A}$ 可以写成如下形式：

$$\boldsymbol{A}=\begin{bmatrix}0&-1&0&+1&\ldots&0&0&0\\-1&0&+1&0&\ldots&0&0&0\\\vdots&\vdots&\vdots&\vdots&&\vdots&\vdots&\vdots\\0&0&0&0&\ldots&-1&0&+1\end{bmatrix} \tag{3.10}$$

从以上的分析可以看出，式（3.10）中矩阵 $\boldsymbol{A}$ 的形式取决于干涉图的组织形

式，当所有的 SAR 影像都被分在一组，即 $L=1$ 时，有 $M \geqslant N$，矩阵 $\boldsymbol{A}$ 的秩为 N，这样方程可以用最小二乘法求解出 $\phi(t_i)$，从而根据式（3.7）可反演出每个时刻相对于参考时刻的地表变形：

$$\hat{\phi}=(\boldsymbol{A}^{\mathrm{T}}\boldsymbol{A})^{-1}\boldsymbol{A}^{\mathrm{T}}\delta\phi \tag{3.11}$$

短基线 SAR 干涉法地表变形估计选择具有较短空间基线的 SAR 影像进行差分干涉处理，有以下两个优点：①短空间基线可以减小几何失相干，提高差分干涉图的质量。几何失相干与空间基线成正比，空间基线越大，几何失相干越严重，当空间基线达到基线值时（ERS 卫星为 1100m）两影像完全失去相干性。Usai（2003）研究指出 300m 以上的空间基线对 ERS 影像的相干性影响已经非常严重，建议干涉处理空间基线最好小于该值，当然，空间基线越小越有利于提高相干性。②短基线有利于减少 DEM 误差对变形精度的影响。SAR 干涉变形监测中理想的形变对空间基线为零，此时干涉相位可直接转换为地表 LOS 向形变。实际计算中，在空间基线较短的情况下，由式（2.18）可知高程模糊度变大，也就是说，DEM 对相位非常不敏感。例如，对 ERS 卫星而言，100m 的垂直基线其高程模糊度约为 90m，也就是说，当 DEM 有 10m 的高程误差时，其对地表变形的影响也只有 $\frac{10}{90}\times\frac{\lambda}{2}\approx 3\mathrm{mm}$。

3.2.2　短基线 DInSAR 变形估计算法

1. 奇异值分解算法

为使差分干涉图具有较小的空间基线，短基线 DInSAR 法中所有的 SAR 影像一般不可能只被分成一个短基线组，这样的方程（3.9）是秩亏的，即 $\boldsymbol{A}^{\mathrm{T}}\boldsymbol{A}$ 是个奇异矩阵，假设有 L 个短基线组，则秩亏数为 $N-L+1$，方程组有无穷多个解，对矩阵 $\boldsymbol{A}$ 进行奇异值分解：

$$\boldsymbol{A}=\boldsymbol{U}\boldsymbol{S}\boldsymbol{V}^{\mathrm{T}} \tag{3.12}$$

式中，$\boldsymbol{U}$ 和 $\boldsymbol{V}$ 分别为 $M\times M$ 阶和 $N\times N$ 阶的正交矩阵。$M\times N$ 阶矩阵 $\boldsymbol{S}$ 表示为

$$\boldsymbol{S}=\begin{bmatrix}\boldsymbol{D} & \boldsymbol{0}\\ \boldsymbol{0} & \boldsymbol{0}\end{bmatrix}=\begin{bmatrix}\sigma_1 & 0 & \cdots & 0 & 0\\ 0 & \sigma_2 & \cdots & 0 & 0\\ \vdots & \vdots & & \vdots & \vdots\\ 0 & 0 & \cdots & \sigma_r & 0\\ 0 & 0 & \cdots & 0 & 0\end{bmatrix} \tag{3.13}$$

式中，$r=N-L+1$；$\boldsymbol{D}=\mathrm{diag}\begin{bmatrix}\sigma_1 & \sigma_2 & \cdots & \sigma_r\end{bmatrix}$，$\sigma_i(i=1,2,\cdots,r)$ 为矩阵 $\boldsymbol{A}$ 的奇

异值，未知参数ϕ的最小范数最小二乘解可以表示为

$$\hat{\phi} = \boldsymbol{A}^{+}\delta\phi, \quad \boldsymbol{A}^{+} = \boldsymbol{V}\boldsymbol{S}^{+}\boldsymbol{U}^{+} \tag{3.14}$$

即

$$\hat{\phi} = \sum_{i=1}^{N-L+1} \frac{\delta\phi^{\mathrm{T}} u_i}{\sigma_i} v_i \tag{3.15}$$

式中，u_i和v_i分别为$\boldsymbol{U}$和$\boldsymbol{V}$的列向量。

奇异值分解法是建立在求解未知干涉相位信号最小范数基础上的，即要求干涉相位ϕ尽可能与零接近，因而可能导致最终的形变结果没有物理意义，为此，将未知参数转变为相邻时间获取影像像元点沿 LOS 向的平均相位速率$\boldsymbol{v}$，即

$$\boldsymbol{v}^{\mathrm{T}} = \left[v_1 = \frac{\phi_1 - \phi_0}{t_1 - t_0}, \cdots, v_N = \frac{\phi_N - \phi_{N-1}}{t_N - t_{N-1}} \right] \tag{3.16}$$

将式（3.16）代入式（3.8）得

$$\sum_{k=\mathrm{IS}_k+1}^{\mathrm{IE}_k} (t_i - t_{i-1}) v_k = \delta\phi_k \tag{3.17}$$

即

$$\boldsymbol{B}\boldsymbol{v} = \delta\phi \tag{3.18}$$

式中，$\boldsymbol{B}$是$M \times N$阶矩阵；对$\mathrm{IS}_k \leqslant k \leqslant \mathrm{IE}_k, k = 1, \cdots, M$，$B_{(i,k)} = t_{k+1} - t_k$，对其他的$k$值有$B_{(i,k)} = 0$。当然这里对$\boldsymbol{B}$进行奇异值分解，求得 LOS 向相位平均速率$\boldsymbol{v}$的最小范数最小二乘解，从而可以计算出影像获取时刻的累积地表形变量。

2. 附加约束条件算法

从上述分析可以看出，在利用奇异值分解法解算时，假定相位平均速率满足最小范数条件，先对$\boldsymbol{B}$进行奇异值分解，然后求得相位平均速率$\boldsymbol{v}$的最小范数最小二乘解，该方法没有考虑地表变形的先验信息，计算较为复杂。实际上，除了可以应用奇异值分解法求得影像序列间平均相位速率的最小范数最小二乘解，还可以利用形变相位在时间域上满足的某些约束条件，将未知数转化为约束条件模型中的参数，从而减少未知数的个数，直接获取模型参数的最小二乘解，这种方法称为附加约束条件的短基线差分干涉法。假设形变模型参数$\boldsymbol{p}$和平均相位形变速率$\boldsymbol{v}$有如下关系：

$$\boldsymbol{v} = \boldsymbol{M}\boldsymbol{p} \tag{3.19}$$

式中，矩阵$\boldsymbol{M}$描述了相位平均速率$\boldsymbol{v}$的组成，代入式（3.18）得

$$\boldsymbol{B}\boldsymbol{M}\boldsymbol{p} = \delta\phi \tag{3.20}$$

一般情况下，形变参数 $\boldsymbol{p}$ 的个数比较少，使得式（3.20）的系数矩阵非奇异。例如，考虑三次形变模型，对任意像元 (x,r) 有

$$\phi(t_i)=\overline{v}(t_i-t_0)+\frac{1}{2}\overline{a}(t_i-t_0)^2+\frac{1}{6}\Delta\overline{a}(t_i-t_0)^3 \tag{3.21}$$

式中，$\overline{v}$、$\overline{a}$、$\Delta\overline{a}$ 分别表示 LOS 向形变的相位平均速率、平均加速度及平均加速度变化率，即

$$\boldsymbol{p}^{\mathrm{T}}=[\overline{v},\overline{a},\Delta\overline{a}]^{\mathrm{T}} \tag{3.22}$$

$\boldsymbol{M}$ 可表示为

$$\boldsymbol{M}=\begin{bmatrix}1 & \dfrac{t_1-t_0}{2} & \dfrac{(t_1-t_0)^2}{6}\\ 1 & \dfrac{t_2+t_1-2t_0}{2} & \dfrac{(t_2-t_0)^3-(t_1-t_0)^3}{6(t_2-t_1)}\\ \vdots & \vdots & \vdots\\ 1 & \dfrac{t_N+t_{N-1}-2t_0}{2} & \dfrac{(t_N-t_0)^3-(t_{N-1}-t_0)^3}{6(t_N-t_{N-1})}\end{bmatrix} \tag{3.23}$$

将式（3.20）扩展到所有像元，就可以直接利用最小二乘法获取形变模型参数 $\boldsymbol{p}$。从以上的分析可以看出，附加约束条件的短基线差分干涉法减少了未知参数的个数，简化了算法，提高了计算效率。

在求解方程（3.20）前，考虑差分干涉处理时实际存在的 DEM 误差以及大气延迟影响，式（3.6）有如下形式：

$$\begin{aligned}\delta\phi_k(x,r)&=\phi(t_B,x,r)-\phi(t_A,x,r)\\&\approx\frac{4\pi}{\lambda}[d(t_B,x,r)-d(t_A,x,r)]+\frac{4\pi}{\lambda}\frac{B_{\perp j}\Delta h}{r\sin\beta}\\&\quad+[\phi_{\mathrm{atm}}(t_B,x,r)-\phi_{\mathrm{atm}}(t_A,x,r)]+\Delta n_j\end{aligned} \tag{3.24}$$

式中，$k=1,\cdots,M$；$\dfrac{4\pi}{\lambda}\dfrac{B_{\perp j}\Delta h}{r\sin\beta}$ 为差分干涉处理中由 DEM 误差 Δh 引起的差分相位，其大小与垂直基线 $B_{\perp}$ 成正比，与卫星到地面目标的距离 r 成反比，且与卫星视角 β 有关；$[\phi_{\mathrm{atm}}(t_B,x,r)-\phi_{\mathrm{atm}}(t_A,x,r)]$ 为像元 (x,r) 在影像获取时刻 t_A 和 t_B 的大气延迟相位差；Δn_j 为去相关噪声相位。在正确解缠差分干涉相位 $\delta\phi$ 并校正到参考点后，利用以下方程的最小二乘解先获取线性形变（低频形变）及 DEM 误差相位：

$$[\boldsymbol{BM},\boldsymbol{c}]\boldsymbol{p}_c=\delta\phi \tag{3.25}$$

式中，$\boldsymbol{c}^{\mathrm{T}}=[(4\pi/\lambda)(B_{\perp 1}/r\sin\beta_1),\cdots,(4\pi/\lambda)(B_{\perp M}/r\sin\beta_M)]$；$\boldsymbol{p}_c=[\boldsymbol{v},\Delta h]$。

接下来在干涉图中减去形变的低频部分及 DEM 误差相位，从而得到条纹相对稀疏的残余差分干涉相位图，对此残余干涉图再次进行解缠，然后将形变的低

频部分重新加到此差分干涉图上，就得到了去除 DEM 误差且解缠的差分干涉相位图，从而再次利用式（3.20）获取每个影像的干涉相位 $\phi(t_i, x, r)$， $i = 1, \cdots, N$ 。附加约束条件的短基线 SAR 干涉法的数据处理流程如图 3.2 所示。

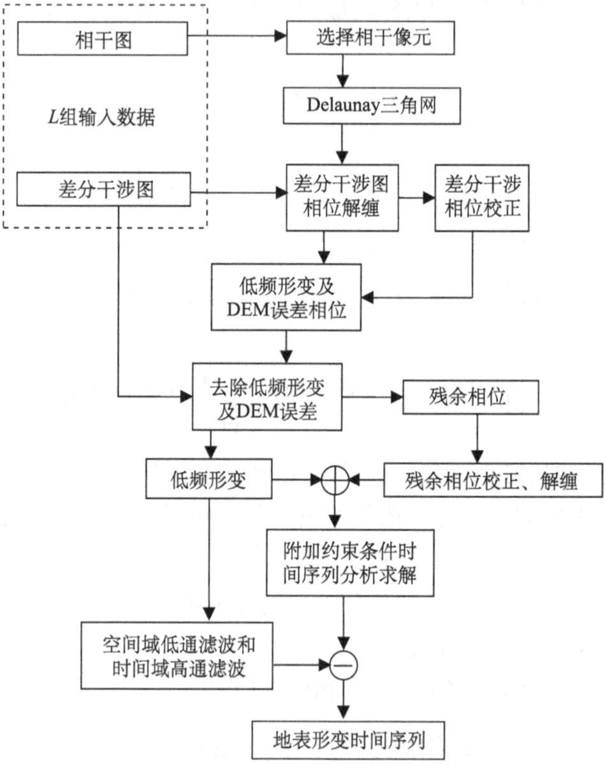

图 3.2　附加约束条件短基线 SAR 干涉法数据处理流程

3.2.3　相干系数与双阈值法相干像元提取

研究表明（Hanssen，2001），SAR 影像的每个像元可以认为是一个复圆高斯随机变量，其幅度和相位分别服从瑞利分布和平均分布，对于两个复圆高斯随机变量 u_1、u_2 [$E(u_1) = E(u_2) = 0$ ， $E(u_1^2) = E(u_2^2)$]的乘积组成的图像相位 ϕ （干涉相位）的边缘密度函数（Touzi and Lopes，1996）为

$$\mathrm{pdf}(\phi;\gamma,L,\phi_0)=\frac{(1-|\gamma|^2)^L}{2\pi}\left\{\frac{\Gamma(2L-1)}{[\Gamma(L)]^2 2^{2L-1}}\right.$$
$$\times\left[\frac{(2L-1)\beta}{(1-\beta^2)^{(L+1/2)}}\left(\frac{\pi}{2}+\arcsin\beta\right)+\frac{1}{(1-\beta^2)^L}\right]$$
$$\left.+\frac{1}{2(L-1)}\sum_{r=0}^{L-2}\frac{\Gamma(L-\frac{1}{2})}{\Gamma(L-\frac{1}{2}-r)}\frac{\Gamma(L-1-r)}{\Gamma(L-1)}\frac{1+(2r+1)\beta^2}{(1-\beta^2)^{r+2}}\right\} \tag{3.26}$$

式中，L 为视数，当 L=1 时式（3.26）的最后一部分为 0；ϕ_0 为干涉像元的相位均值。$\beta=|\gamma|\cos(\phi-\phi_0)$，$\gamma$ 为相干系数，定义为

$$\gamma=\frac{E(y_1y_2^*)}{\sqrt{E(|y_1|^2)E(|y_2|^2)}} \tag{3.27}$$

$\Gamma(L)$ 定义为

$$\Gamma(L)=(L-1)!,\quad (L-1)\in\mathbf{N} \tag{3.28}$$

通过式（3.26）可得到干涉相位的方差为

$$\sigma_\phi^2=\int_{-\pi}^{+\pi}[\phi-E(\phi)]\mathrm{pdf}(\phi)\mathrm{d}\phi \tag{3.29}$$

图 3.3 显示了相位标准差和相干系数 γ 及视数 L 之间的关系。干涉相位的噪声的产生主要是因为干涉过程中失相干因素的存在使影像间的相干性降低，失相

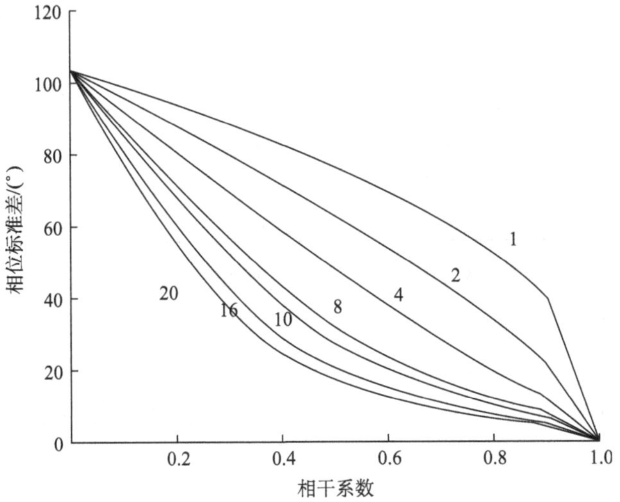

图 3.3　相位标准差与相干系数、视数的关系

干源主要包含几何去相关、多普勒中心频率去相关、时间去相关、散射体去相关、系统热噪声去相关及数据处理误差去相关等。

从以上的分析可以看出，相干系数可以作为干涉相位精度指标。本书以相干系数为相干像元的判别依据，考虑到短基线 SAR 干涉算法中利用多个主影像构成干涉对，因此需要兼顾目标在每个干涉图中的稳定性和所有干涉图序列的稳定性。由此，提出利用相干系数双域值法进行相干目标识别，即所选的相干像元 (x,r) 应满足：

$$\begin{cases} \gamma_j(x,r) \geqslant T_\gamma^1 \\ \bar{\gamma}(x,r) = \dfrac{1}{M}\sum_{j=1}^{M}\gamma_j(x,r) \geqslant T_\gamma^2 \end{cases} \tag{3.30}$$

式中，$\gamma_j(x,r)$ 为第 j 幅差分干涉图中像元 (x,r) 的相干系数；$\bar{\gamma}(x,r)$ 为所有 M 幅差分干涉图中像元 (x,r) 的平均相干系数；T_γ^1 和 T_γ^2 为对应相干系数的域值。实际计算中，在获取了每幅差分干涉图的相干系数图和 M 幅差分干涉图的平均相干系数图后，差分干涉图中相干系数同时满足式（3.30）的像元就被选定为相干像元。

3.2.4　残余相位分离

由式（3.24）可以看出，$\phi(t_i,x,r)$ 不仅包含形变相位，还包括大气相位和失相干噪声，在仅考虑线性形变的情况下，其中还包含了非线性形变相位。失相干噪声通过数据处理中的多视处理以及选择高相干的像元点可以得到很好的消除。然而，大气相位延迟会严重影响形变信息的探测，有些情况还会把形变信息完全淹没，必须加以去除，目前的解决方案主要有两类：一是干涉图叠加法，二是外部数据校正法。干涉图叠加法是利用对流层水汽含量的时间不相关性，将同一地区不同时间尽可能多的干涉图叠加在一起求平均，从而减小这些时间上不相关的对流层水汽含量导致的干涉相位；外部数据校正法利用其他方法获取的空间对流层水汽含量分布来减小和校正大气延迟误差，目前获取对流层水汽含量的方法主要有连续 GPS 法、MODIS 影像数据法和 MERIS 法。另外，还有一种消除大气延迟误差的方式是模型法，如 PS-DInSAR 法和短基线 DInSAR 法。这类方法首先将地表形变相位、DEM 误差相位作为未知参数，利用多幅干涉图联合求解并将其从差分干涉图中分离出来，然后根据序列差分干涉图中组成残余相位成分的不同时空分布特性，利用滤波的方法逐步进行分离，从而得到大气延迟相位在每幅差分干涉图中的分布情况。

3.3　PS-InSAR 变形监测方法

3.3.1　PS-InSAR 变形监测算法

永久散射体是指成像区域内的部分硬目标（包括人工和自然地物），它们通常具有稳定且不易随时间变化的雷达散射特性，即能保证高信噪比的相位观测。PS-InSAR 法认为 SAR 图像任意像元的相位变化与以下因素有关：①卫星到像元散射体的几何位置关系；②像元目标随时间发生的位移；③大气折射的变化；④噪声相位。假设某地区有 $K+1$ 幅 SAR 影像，对第 k 幅 SAR 图像中的像元 $\boldsymbol{x}$，有 $\boldsymbol{x}=(\zeta,\eta)^{\mathrm{T}}$（其中 ζ 和 η 分别表示像元的距离向和方位向坐标），则像元 $\boldsymbol{x}$ 的相位可以表示为

$$\varphi(\boldsymbol{x})=\frac{4\pi}{\lambda}r_k(\boldsymbol{x})+\sigma_k(\boldsymbol{x})+a_k(\boldsymbol{x})+n_k(\boldsymbol{x}) \tag{3.31}$$

式中，r 表示卫星到像元的距离；σ 是地面像元散射体的反射相位；a 是大气折射引起的相位；n 为系统噪声相位。

在 $K+1$ 幅 SAR 影像中以某一影像为主影像（标记为 m），其他影像为从影像，则可以得到 K 幅干涉图，第 k 幅干涉图的相位 $\phi_k(\boldsymbol{x})$ 表示为

$$\begin{aligned}\phi_k(\boldsymbol{x})&=\varphi_k(\boldsymbol{x})-\varphi_m(\boldsymbol{x})\\&=\frac{4\pi}{\lambda}[r_k(\boldsymbol{x})-r_m(\boldsymbol{x})]+[\sigma_k(\boldsymbol{x})-\sigma_m(\boldsymbol{x})]+[a_k(\boldsymbol{x})-a_m(\boldsymbol{x})]+n(\boldsymbol{x})\end{aligned} \tag{3.32}$$

对于重复轨道干涉测量而言，$r_k(\boldsymbol{x})$ 可以表示为

$$r_k(\boldsymbol{x})=r_m(\boldsymbol{x})+\Delta r_k(\boldsymbol{x})+\Delta\mu_k(\boldsymbol{x}) \tag{3.33}$$

式中，$r_m(\boldsymbol{x})$ 为主影像像元 $\boldsymbol{x}$ 到卫星的距离；Δr_k 为基线在 LOS 向的长度，一般为几米到几千米；$\Delta\mu_k$ 为两幅影像摄取期间的地表形变，一般为几毫米到数厘米。

干涉图相位是由地形相位、地表形变、大气相位及平地效应等引起的，干涉图是以上所有相位叠加后的一个缠绕相位：

$$\phi_k(\boldsymbol{x})=\phi_{rk}(\boldsymbol{x})+\phi_{\mu k}(\boldsymbol{x})+\phi_{ak}(\boldsymbol{x})+\phi_{\sigma k}(\boldsymbol{x})+\phi_{nk}(\boldsymbol{x}) \tag{3.34}$$

其中，

$$\phi_{rk}(\boldsymbol{x})=\frac{4\pi}{\lambda}\Delta r_k(\boldsymbol{x}) \tag{3.35}$$

$$\phi_{\mu k}(\boldsymbol{x})=\frac{4\pi}{\lambda}\Delta r_{\mu k}(\boldsymbol{x}) \tag{3.36}$$

$$\phi_{ak}(\boldsymbol{x})=\frac{4\pi}{\lambda}\left[a_k(\boldsymbol{x})-a_m(\boldsymbol{x})\right] \tag{3.37}$$

$$\phi_{\sigma k}(\boldsymbol{x})=\frac{4\pi}{\lambda}\left[\sigma_k(\boldsymbol{x})-\sigma_m(\boldsymbol{x})\right] \tag{3.38}$$

现在假设 K 幅干涉图的 H 个 PS 候选点的干涉相位 $\boldsymbol{\Phi}$ 组成一个 $K\times H$ 阶矩阵，则

$$\boldsymbol{\Phi}=\boldsymbol{a}^{\mathrm{T}}+\boldsymbol{P}_{\zeta}\boldsymbol{\zeta}^{\mathrm{T}}+\boldsymbol{P}_{\eta}\boldsymbol{\eta}^{\mathrm{T}}+\boldsymbol{B}\boldsymbol{q}^{\mathrm{T}}+\boldsymbol{T}\boldsymbol{v}^{\mathrm{T}}+\boldsymbol{E} \tag{3.39}$$

式中，$\boldsymbol{a}_{[K\times 1]}$ 是一个常数相位；$\boldsymbol{P}_{\zeta[K\times H]}$ 和 $\boldsymbol{P}_{\eta[K\times H]}$ 分别为方位向和距离向由基线误差和大气延迟导致的相位非线性分量；$\boldsymbol{B}_{[K\times 1]}$ 为垂直基线值；$\boldsymbol{q}_{[K\times 1]}$ 为 PS 点的高程产生的相位，其值为每个 PS 点的高程乘以 $\dfrac{4\pi}{\lambda R\sin\alpha}$；$\boldsymbol{T}_{[K\times 1]}$ 为 K 幅从影像与主影像之间的时间间隔组成的矩阵；$\boldsymbol{v}_{[K\times 1]}$ 为 PS 点在雷达视线方向上的变形速率；$\boldsymbol{E}_{[K\times 1]}$ 包含了所有残差干涉相位，例如，大气效应在方位向和距离向不是常值或线性引起的相位残差，时间去相关和空间去相关引起的相位噪声，PS 点变形速率非线性造成的误差。

对于干涉相位进行了正确解缠后的方程（3.39）而言，它是一个线性方程，其中观测数为 $K\times H$ 个，观测量为解缠后的干涉相位 $\boldsymbol{\Phi}$、距离向坐标 $\boldsymbol{\zeta}$、方位向坐标 $\boldsymbol{\eta}$、矩阵 $\boldsymbol{B}$、矩阵 $\boldsymbol{T}$，未知量为常数相位 $\boldsymbol{a}$、系数 $\boldsymbol{P}_{\zeta}$、系数 $\boldsymbol{P}_{\eta}$、地面高程 $\boldsymbol{q}$、PS 点运动速率 $\boldsymbol{v}$，共计 $(3K+2H)$ 个。原则上，通过矩阵变换和求逆可以求解，从而获取每个 PS 点的高程、形变速率等信息。

实际 PS-InSAR 数据处理中，地形相位可以通过已知的 DEM 数据消除，则有

$$\phi_k(\boldsymbol{x})=\phi_{\Delta tk}(\boldsymbol{x})+\phi_{\mu k}(\boldsymbol{x})+\phi_{ak}(\boldsymbol{x})+\phi_{\sigma k}(\boldsymbol{x})+\phi_{nk}(\boldsymbol{x}) \tag{3.40}$$

式中，$\phi_{\Delta tk}(\boldsymbol{x})$ 为 DEM 数据误差造成的残余地形相位：

$$\phi_{\Delta tk}(\boldsymbol{x})=\frac{4\pi}{\lambda}\frac{B_{\perp}}{r_k\sin\theta}\varepsilon \tag{3.41}$$

式中，ε 为残余地形。散射体 LOS 向变形表示为

$$\phi_{\mu k}(\boldsymbol{x})=\frac{4\pi}{\lambda}\boldsymbol{v}\cdot\boldsymbol{T}_k+\phi_{\mathrm{NL},k}(\boldsymbol{x}) \tag{3.42}$$

式中，$\boldsymbol{T}_k$ 表示干涉影像时间间隔；$\boldsymbol{v}$ 表示 PS 点的变形速率；$\phi_{\mathrm{NL},k}(\boldsymbol{x})$ 表示非线性的形变误差。

考虑理想情况下重复干涉时散射目标保持高相干，DEM 数据准确，不同观测时刻大气状况相同，在假设地表形变为匀速线性位移时，对于解缠后的干涉相位，上述问题就转化为非常简单的线性问题：

$$\phi_k(\boldsymbol{x}) = \frac{4\pi}{\lambda}\boldsymbol{v}\cdot\boldsymbol{T}_k + \phi_{nk}(\boldsymbol{x}) \tag{3.43}$$

然而实际的地表微小形变一般持续多年，干涉相位受失相干严重，且 DEM 的不准确以及重复观测大气状况的不一致性等均会影响上述模型对变形速率的求解。

3.3.2　振幅离差指数法 PS 点选取

1. 相干系数阈值初选

设 $N+1$ 幅 SAR 影像获取 N 个干涉对，计算得到各干涉对的相干系数 γ_i，$i=1,2,\cdots,N$，则 N 个干涉对的相关系数均值 $\bar{\gamma}$ 为

$$\bar{\gamma} = \sum_{i=1}^{N}\gamma_i \tag{3.44}$$

选取适当的阈值 $T_{\bar{\gamma}}$，将大于该阈值的像元提取出来作为相干目标初选结果。平均相干系数阈值初选的优点是仅需要两幅影像即可，但选取的可靠性与漏选概率取决于平均相干系数阈值与窗口大小，阈值越高，选取的可靠性越高，但漏选的可能性增大；窗口越大，相干系数越可靠，但降低了空间分辨率，会导致孤立且有效的相干目标很难被检测出来，靠近相干目标附近的非稳定目标也可能被错误地确定为相干点。一般利用相干系数阈值法选取的相干目标呈块状分布，而非单个独立的像元。设定适当的阈值 $T_{\bar{\gamma}}$ 可有效去除水体、植被等失相干严重的像元，减少后续步骤计算量，提高计算效率。

2. 振幅离散指数阈值精选

理论研究表明：在高信噪比像元上，可以利用时间序列振幅信息来衡量相位噪声水平。对 SAR 复数影像，振幅 A 服从 Rice 分布，即

$$f(A) = \frac{A}{\sigma_n^2}\mathrm{I}_0\left(\frac{Ag}{\sigma_n^2}\right)\mathrm{e}^{-(A^2+g^2)/(2\sigma_n^2)} \tag{3.45}$$

式中，I_0 是经过修正的 Bessel 函数；σ_n^2 为复圆高斯噪声的能量；g 为复反射率；在低信噪比的情况下，Rice 分布的概率密度函数趋近于瑞利分布，而在高信噪比（$g/\sigma_n > 4$）的情况下，$f(A)$ 近似为高斯分布，并有

$$\begin{cases} \sigma \approx \sigma_n^{\mathrm{R}} = \sigma_n^{\mathrm{I}} \\ \sigma_\phi \approx \dfrac{\sigma_n^{\mathrm{I}}}{g} \approx \dfrac{\sigma}{m} = D_A \end{cases} \tag{3.46}$$

式中，σ_n^{R}、σ_n^{I} 分别为相位噪声实部 R 和虚部 I 的标准偏差；m、σ 分别为回波信号振幅的均值和标准偏差；σ_ϕ、D_A 分别表示回波信号相位标准差和振幅离差。式（3.46）表明，在高信噪比的情况下，相位标准差近似等于振幅离差，如图 3.4 所示。因此，可直接用振幅离差表示 PS 散射的稳定性，即可以直接用振幅离差来识别 PS。

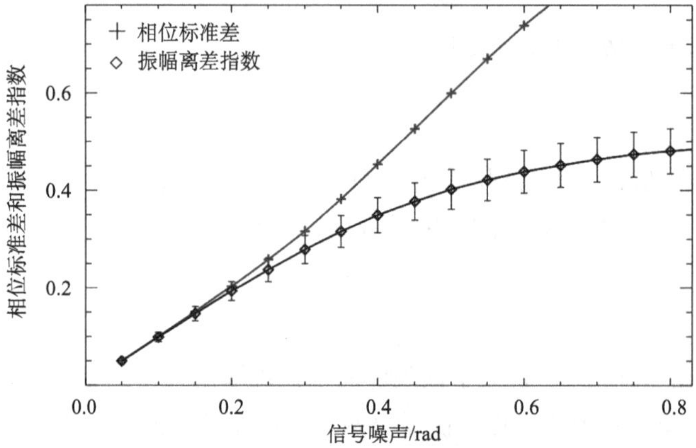

图 3.4　相位标准差和振幅离差指数的模拟关系图

振幅离差指数法基于相位噪声和振幅离差指数统计特性，在时间序列影像中求取每个像元的振幅均值 m_A 及标准差 σ_A，按式（3.47）即可计算出振幅离差指数 D_A：

$$D_A = \frac{\sigma_A}{m_A} = \frac{\mathrm{std}\left(\sum_{l=1}^{N+1} A_l(x)\right)}{\mathrm{mean}\left(\sum_{l=1}^{N+1} A_l(x)\right)} \tag{3.47}$$

当振幅离差指数 D_A 小于给定的阈值 T_D 时，该像元 x 即被选定为相干像元。振幅离差指数法仅利用地基 SAR 影像的振幅信息，计算简单，效率高，无分辨率损失，特别是对于地基 SAR 而言，大量的 SAR 影像正好满足振幅离差指数要求的干涉时间序列上的统计意义。

3.4　邻域差分 InSAR 时间序列分析

3.4.1　基于 Delaunay 三角网的邻域差分原理

研究表明（黄其欢，2009），大气延迟相位在空间尺度上表现为数百米级的空间自相关，一般来说，外部 DEM 在一定程度上也存在系统误差，即存在空间自相关。因此，顾及邻近相干目标自相关特性建模，即将邻近相干目标的差分干涉相位观测量与相关参数进一步进行差分并建模，将有助于提高形变估计的精度。本节基于这种邻域差分思想，假设实际地表形变是由线性形变和非线性形变共同作用的结果，建立邻域差分短基线 InSAR 的时间序列变形监测方法。

根据邻域差分思想，同时受大地测量控制网的启发，利用 Delaunay 三角网连接差分干涉图中的高相干像元，如图 3.5 所示，相邻像元 (x_m,r_m)、(x_n,r_n) 的相位增量可以表示为

$$\begin{aligned}\delta\phi_{\text{diff}}(x_m,r_m,x_n,r_n,T_i)=&\frac{4\pi}{\lambda}T_i[v(x_m,r_m)-v(x_n,r_n)]\\&+\frac{4\pi}{\lambda}\frac{B(T_i)}{R(T_i)\sin(\theta_i)}[\varepsilon(x_m,r_m)-\varepsilon(x_n,r_n)]\\&+[\beta(x_m,r_m,T_i)-\beta(x_n,r_n,T_i)]\\&+[\alpha(x_m,r_m,T_i)-\alpha(x_n,r_n,T_i)]\\&+[n(x_m,r_m,T_i)-n(x_n,r_n,T_i)]\end{aligned}\tag{3.48}$$

式中，T_i 和 B 分别为第 i 幅差分干涉图的时间基线和垂直基线；v 为线性形变的速度常量；ε 为 DEM 误差；β 为非线性形变；α 为大气延迟相位；n 为失相干噪声相位。邻域差分的优点是充分考虑了大气延迟相位的短波特性，即其在空间域上的强相关性：

$$\alpha(x_m,r_m,T_i)\approx\alpha(x_n,r_n,T_i)\tag{3.49}$$

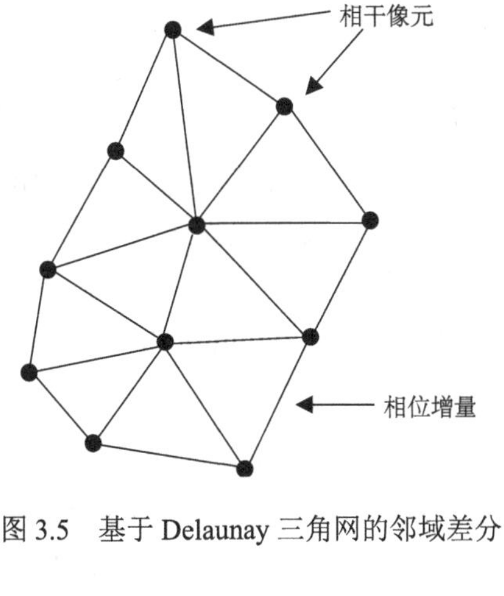

图 3.5　基于 Delaunay 三角网的邻域差分

一般认为式（3.49）成立的条件是相邻像元的空间距离小于 1 km，在这个距

离内大气具有很高的相关性，而对于一些距离大于该值的孤立点，需要进行独立的数据处理。

3.4.2 线性形变速率和 DEM 误差估计过程

由于线性形变速率和 DEM 误差在所有差分干涉图中为常量，可通过调整以下相位模型对其进行估计。

$$\delta\phi_{\text{model}}(x_m,r_m,x_n,r_n,T_i)=\frac{4\pi}{\lambda}\cdot T_i\cdot\Delta v_{\text{model}}(x_m,r_m,x_n,r_n)+\frac{4\pi}{\lambda}\cdot\frac{B(T_i)}{R(T_i)\sin(\theta_i)}\cdot\Delta\varepsilon_{\text{model}}(x_m,r_m,x_n,r_n) \tag{3.50}$$

式中，

$$\Delta v_{\text{model}}(x_m,r_m,x_n,r_n)=[v_{\text{model}}(x_m,r_m)-v_{\text{model}}(x_n,r_n)] \tag{3.51}$$

$$\Delta\varepsilon_{\text{model}}(x_m,r_m,x_n,r_n)=[\varepsilon_{\text{model}}(x_m,r_m)-\varepsilon_{\text{model}}(x_n,r_n)] \tag{3.52}$$

对线性形变速率 (v_{model}) 和 DEM 误差 ($\varepsilon_{\text{model}}$) 的估计是通过使以下模型相干系数最大化得到的。模型相干系数定义为

$$\gamma_{\text{model}}(x_m,r_m,x_n,r_n)=\frac{1}{M}\left|\sum_{i=0}^{N}\exp\{\mathrm{j}[\delta\phi_{\text{diff}}(x_m,r_m,x_n,r_n,T_i)-\delta\phi_{\text{model}}(x_m,r_m,x_n,r_n,T_i)]\}\right| \tag{3.53}$$

式中，M 为差分干涉图的个数；N 为 SAR 影像数目。模型相干系数 γ_{model} 的取值在 0～1，其值越大，则估计的模型相位与实际观测相位的拟合密切程度越好，也说明了两相邻像元（x_m,r_m）、（x_n,r_n）之间的参数线性形变速率差 (Δv_{model}) 和 DEM 误差之差 ($\Delta\varepsilon_{\text{model}}$) 估计结果越可靠。模型相干系数的最大化求解过程可通过在二维空间搜索使 γ_{model} 达到最大值的 Δv_{model} 和 $\Delta\varepsilon_{\text{model}}$ 作为相干像元线性形变速率和 DEM 误差的估值，对 Δv_{model} 和 $\Delta\varepsilon_{\text{model}}$ 的搜索等效于从空间（$T_i,B(T_i)$）到（Δv_{model}，$\Delta\varepsilon_{\text{model}}$）的二维傅里叶变换，即可以利用经典的二维谱分析周期法获得相邻相干像元的线性形变速率增量及 DEM 误差增量的估计值 $\Delta v_{\text{estimated}}(x_m,r_m,x_n,r_n)$ 和 $\Delta\varepsilon_{\text{estimated}}(x_m,r_m,x_n,r_n)$。

从以上的分析可以看出，模型相干系数可以作为模型参数估计可靠性的质量检验标准，通过设置一个合适的 γ_{model} 阈值，去掉小于该阈值的 Delaunay 三角网边，从而实现对相干像元质量的进一步优化。大量的实验证明，利用大于 0.7 的模型相干系数可以获得较好的结果。

在获取每个 Delaunay 三角网边的线性形变速率增量后，每个相干像元的线

性形变速率的恢复过程同相位解缠类似，可以通过经典的区域增长法实现，计算时可以从多个模型相干系数大的种子像元开始，逐步恢复各像元的线性形变速率：

$$v_{\text{estimated}}(x,r)=\frac{1}{\sum_i \gamma_{\text{model}}(x,r,x_i,r_i)}\sum_i[v_{\text{estimated}}(x_i,r_i)+\Delta v_{\text{estimated}}(x,r,x_i,r_i)]\cdot\gamma_{\text{model}}(x,r,x_i,r_i) \tag{3.54}$$

式中，i 代表所有与当前像元（x,r）相邻的像元。这里对每个相邻像元都通过相应的模型相干系数进行了加权，以增强线性形变速率恢复的可靠性，同样的方法也用于 DEM 误差的恢复。

图 3.6 为邻域差分短基线 InSAR 法获取线性形变速率和 DEM 误差的数据处理流程。

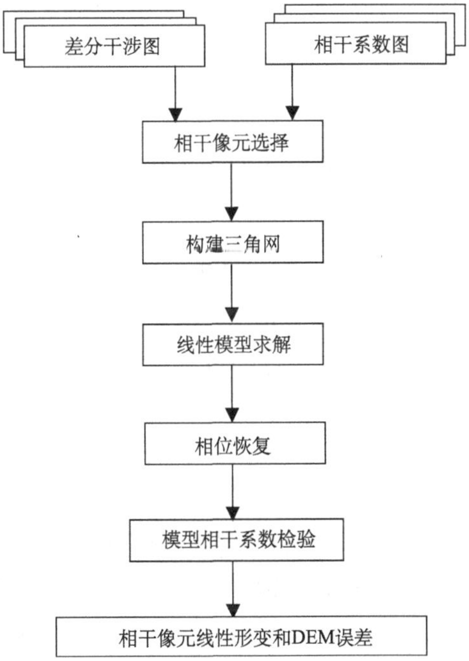

图 3.6　邻域差分短基线 InSAR 法获取线性形变速率和 DEM 误差的数据处理流程

Mora 等（2003）研究指出，在 SAR 数据量较少的情况下（7 幅），为提高地表形变速率求解的精度和可靠性，利用邻域差分短基线 InSAR 法提取线性形变需注意以下几点：①为了获取给定时间内的地表形变，应选择研究区内时间均匀分布的 SAR 影像。②尽量选择短基线干涉对，以提高影像相干性，从而提高变形监测的空间密度和可靠性。当然，短基线干涉对会减小 DEM 误差对相位的敏感度，在一定程度上影响DEM误差估计的精度，但DEM误差是地表形变参数的副产品，相对于形变监测的空间分辨率和可靠性而言，这种损失是值得的。③在短基线组内尽量多地产生差分干涉图，使每幅影像与尽量多的差分干涉图联系在一起，以增加模型相干系数求解的冗余数据。例如，3 幅影像最多可产生 3 幅干涉图，它们具有不同的相干系数，通过增加冗余干涉图的方法改善线性形变的估计质量，从而使在 SAR 数据较少的情况下也能得到比较满意的结果。

3.5　干涉相位重建

2D+1D 相位解缠涉及两个阶段的过程：一是在二维（2D）影像平面内的相位解缠，二是在一维（1D）成像时间序列中像元级的解缠。这种分别在空间和时间域上进行的 2D+1D 相位解缠新算法，可有效提高相位解缠的可靠性。

3.5.1　2D 相位解缠

由于干涉相位 φ 只是相位主值，它与真实的相位即通过解缠得到的相位值 ϕ 的关系式为

$$\varphi = \phi \pm 2w\pi, \quad -\pi \leqslant \varphi < \pi, \quad w = 0,1,2,\cdots,n \tag{3.55}$$

式中，φ 是已知干涉相位。要解算出相位真值 ϕ，就必须求出 w 值，这种一切将相位主值或相位差值恢复为真实相位的过程称为相位解缠（Ghiglia and Pritt, 1998）。除了 SAR 干涉测量要进行相位解缠，相位解缠还在信号与图像处理（如同态解卷积）、合成孔径声呐、自适应光学、声音成像、核磁共振、地震处理等方面有重要应用。

对于表示地形高程和地表形变的二维缠绕相位而言，其代表着规则的物理量。从理论上讲，解缠相位数据是连续性数据，无论从哪个方向，沿哪条路径进行解缠都应当得到相同的结果，所以是与方向、路径无关的。它具有如下性质：

$$\nabla \times \nabla \Phi \equiv 0 \tag{3.56}$$

式中，∇ 为哈密顿算子；Φ 为解缠相位梯度场；它表明 Φ 应为无旋场，即沿任何积分路径积分都会得到同一积分结果。

通常情况下，干涉相位解缠在规则二维网格上进行，而实际的干涉相位数据因为有噪声、不连续像元等，会出现不同积分路径得到不同积分的结果，使实际的

干涉图出现不连续和干涉条纹不清楚、紊乱等现象，产生这种现象的主要因素有：

（1）雷达信号接收装置的热噪声、基线或几何失相干、多普勒质心失相干、体散射失相干、时间失相干等。

（2）在地形起伏大、山高坡陡处，会产生高频干涉条纹，干涉图中易出现不连续点，以及相邻干涉相位梯度值超过 2π 的现象。

（3）由于雷达影像成像方式为斜距投影方式，会出现雷达阴影和叠掩现象。在阴影区干涉相位值没有任何意义，只能认为是一片“噪声”。在出现叠掩的地方，干涉相位值所表现出的条纹是有错误的。

（4）共轭复型数据配准过程中配准不好所产生的干涉条纹也会出现紊乱，特别是在大面积水域出现的地方，这使得相干系数值偏低。

在假定相邻像元相位差绝对值小于 π 的前提下，目前针对连续像元规则网格的二维相位解缠方法达到了三四十种，主要可以分为三大类，即路径跟踪法、基于网络流的算法和最小二乘法。

3.5.2　离散像元组网

在 SAR 干涉时间序列法变形监测中，干涉纹图中只保留了部分相干性较好的像元点，用于探测地表形变的相干像元在空间上的分布是离散的，这使某些相邻相干像元间的相位差绝对值不满足小于 π 的条件，阻断了相位解缠的积分路径。此时，需要将这些离散间断点连接起来，使其构成一个完整的网络，然后再根据一定的法则进行相位解缠（刘国祥等，2007）。目前普遍使用的是 Delaunay 三角网，如图 3.7 所示，它可以将二维平面上所有的相干像元用若干个没有重叠的三角形连接起来，每一个点至少是一个三角形的顶点。为此，将差分干涉纹图中

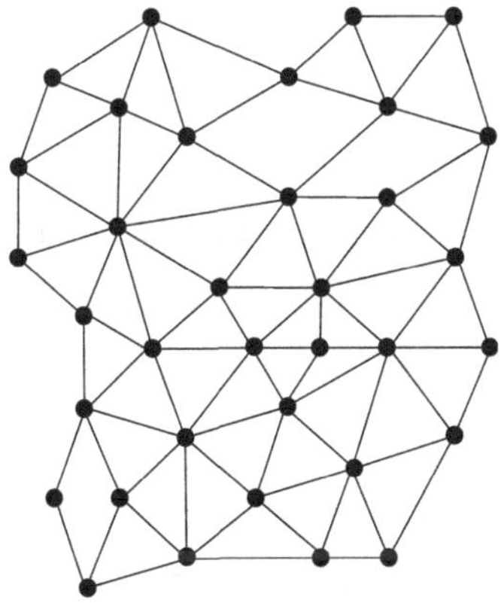

图 3.7　相干像元构成的 Delaunay 三角网

具有高质量的相干像元作为 Delaunay 三角网中不规则网格的网点，以每个三角形为节点，沿该三角形的三条边做三个顶点相位的闭合路径积分，如果三条边的相位差的绝对值都不大于 π，则其积分值为 0；若其积分值的绝对值为 2π，则表明该节点存在一个正残点或负残点，为防止相位解缠误差的扩散，将正负残点用线段成对地连接起来，解缠时避免积分路径穿过这些正负残点连接的线段。

完成离散像元的组网后，就可以在二维平面上对差分干涉图进行解缠，具体解缠的方法可以采用枝切法、区域增长法及最小费用流法等。

3.5.3　1D 检核与校正

空间二维平面相位解缠由于干涉条纹密集、失相干以及雷达侧视成像等特点引起的二维相位不连续，导致解缠相位的离散相位梯度估算不能保持一致，也就是说干涉相位无法形成一个无旋的向量场，并且 2D 相位解缠阶段产生的解缠误差会沿整个估计的时间序列传播。

1D 检核与校正旨在通过对 2D 相位解缠的整周误差，加入时间维的检核，以提高整个干涉测量过程的稳健性，使得整体解缠结果更加可靠，同时也能最大限度地去除时间失相干等影响。

假设有 N 幅 SAR 影像，采用冗余干涉组网的形式共计产生 M 个干涉图($M \gg N$)，且这 M 个干涉图已经完成了 2D 相位解缠，并且：

$$\Delta\phi_{\mathrm{MS}} = \phi_{\mathrm{M}} - \phi_{\mathrm{S}} = \phi_{\mathrm{defo}} + \phi_{\mathrm{atmo}} + \phi_{\mathrm{noise}} + \phi_{k\mathrm{temp}} + 2k\pi \tag{3.57}$$

式中，下角 M 和 S 分别是主影像和从影像；$\Delta\phi_{\mathrm{MS}}$ 是 2D 解缠的干涉相位；ϕ_{defo} 是由变形引起的相位分量；ϕ_{atmo} 是由大气效应引起的相位分量；ϕ_{noise} 是相位噪声；$\phi_{k\mathrm{temp}}$ 是热膨胀分量；k 是整数。在上述模型中，观测值由干涉相位 $\Delta\phi_{\mathrm{MS}}$ 给出，而未知数是主从影像相位 ϕ_{M} 和 ϕ_{S}，且有

$$\begin{cases} \tilde{\phi}_i = \tilde{\phi}_{\mathrm{defo}\_i} + \tilde{\phi}_{\mathrm{atmo}\_i} + \tilde{\phi}_{k\mathrm{temp}} \\ \tilde{\phi}_0 = 0 \end{cases} \tag{3.58}$$

式中，$i=1, \cdots, N-1$。这样，对于每个相干像元，可组成 M 个方程，其中包含 $N-1$ 个未知数。通过假定第一个图像的相位值 $\tilde{\phi}_0=0$ 来进行最小二乘相位估计。

整个过程中有两个关键参数：第一个参数由与观测值有关的残差 res 给出，它代表原始干涉相位 $\Delta\phi_{\mathrm{MS}}$，即输入的观测值，与后验估计观测值之间的差异：

$$\mathrm{res} = \Delta\phi_{\mathrm{MS}} - (\tilde{\phi}_{\mathrm{M}} - \tilde{\phi}_{\mathrm{N}}) \tag{3.59}$$

第二个参数由干涉图和图像的网络冗余值给出。对于每一幅图像，考虑与其直接相关的干涉图的数量，即给定的作为主图像或从图像的干涉图数量。估计的

过程是迭代的，主要考虑在每次迭代中残差大于给定阈值的观测数据，并对其进行适当处理以改善相位估计。该算法由以下主要步骤组成，如图 3.8 所示。

（1）通过最小二乘法进行第一次相位估计，并计算相应的残差。

（2）设定残差阈值，选择大于该阈值的残差，并将与这个残差有关的观测值称为“异常候选值”。

（3）暂时从差分干涉网络中剔除异常候选值，并进行新一轮的干涉相位最小二乘估计。

（4）检查异常候选值的残差。如果它是 2π 的倍数（在给定的误差范围内），则对上述“异常候选值”进行校正，并重新接受。用这种方法可以校正解缠误差，此外，基于异常候选值的新旧残差的对比决定其重新进入或被拒绝。

（5）进行新一轮的相位估计，计算残差，并从步骤（2）重新开始程序。该过程从（2）到（5）迭代地执行，直到没有剩余的异常候选值，即没有残差高于给定的阈值。除了候选值外，解缠误差的校正还扩展到所有在给定容差范围内是 2π 倍数的残差。

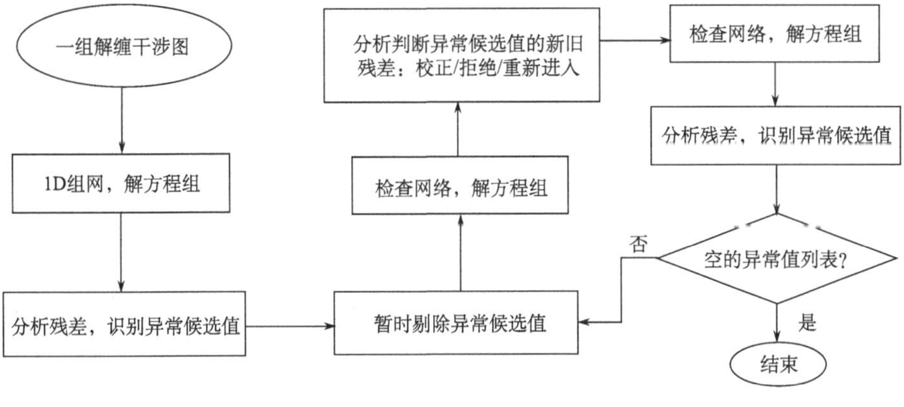

图 3.8　1D 相位估计算法的流程图

如上所述，2D+1D 相位解缠的关键是组成尽量多的差分干涉对 M，它直接影响异常候选值的校正、拒绝或重新进入。需要注意的是，当干涉图组网的冗余度较低时，最小二乘解算的残差偏差较大。为了避免这种情况，该算法在每次迭代时要检查图像和干涉图的可用网络，并且在冗余不足的情况下，高于给定阈值的残差不再被视为异常候选值，也就是说其不受这种算法的影响，即自动的一维相位解缠仅适用于能够被分析的网络冗余部分。2D+1D 相位解缠的主要输出结果是每个相干像元的相位时间序列。

3.5.4 2D+1D 相位解缠算例

对安庆市某大桥进行变形监测实验，共获取 59 幅从 2015 年 4 月 25 日至 2017 年 10 月 11 日的升轨影像，采用冗余干涉组网的形式，共计得到 276 幅差分干涉图（图 3.9）。

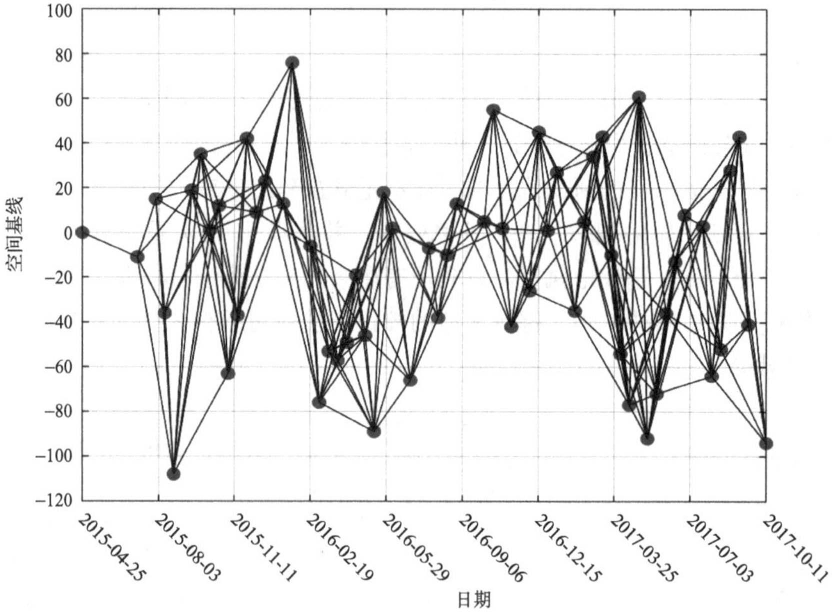

图 3.9 差分干涉时空网

该桥采用振幅离差指数法进行相干像元选点，共计得到 659 个 PS 点。设定相关阈值如下：

（1）残差异常阈值为 2rad，即残差绝对值大于该阈值，则观测值被认为是异常候选值；

（2）干涉图组网的最小冗余度为 4，即如果与某幅影像相连的影像少于 4 幅，则算法不对与之相关的残差进行处理；

（3）观测值的整数特性校正限差为 0.5rad；

（4）重新加入运算的残差阈值为 1.5rad，即在异常值去除后，某观测值的残差小于 1.5rad，则该观测值可重新被接受。

图 3.10 显示了某相干像元残差校正过程，分别对应于第 1 次、第 4 次、第 7 次和最后一次迭代的残差相位。在第 1 次迭代后，大部分残差具有相对较高的值，这是由于存在解缠误差（异常候选值，以蓝色表示）。在其他三个图中，可以观察

到残差的演变。例如，在第 4 次和第 7 次迭代之间，以红色表示的异常候选值被暂时去除（空圆圈），绿色表示校正的异常值。在最后一次迭代中，可以看出大部分残差很小，几乎为零。

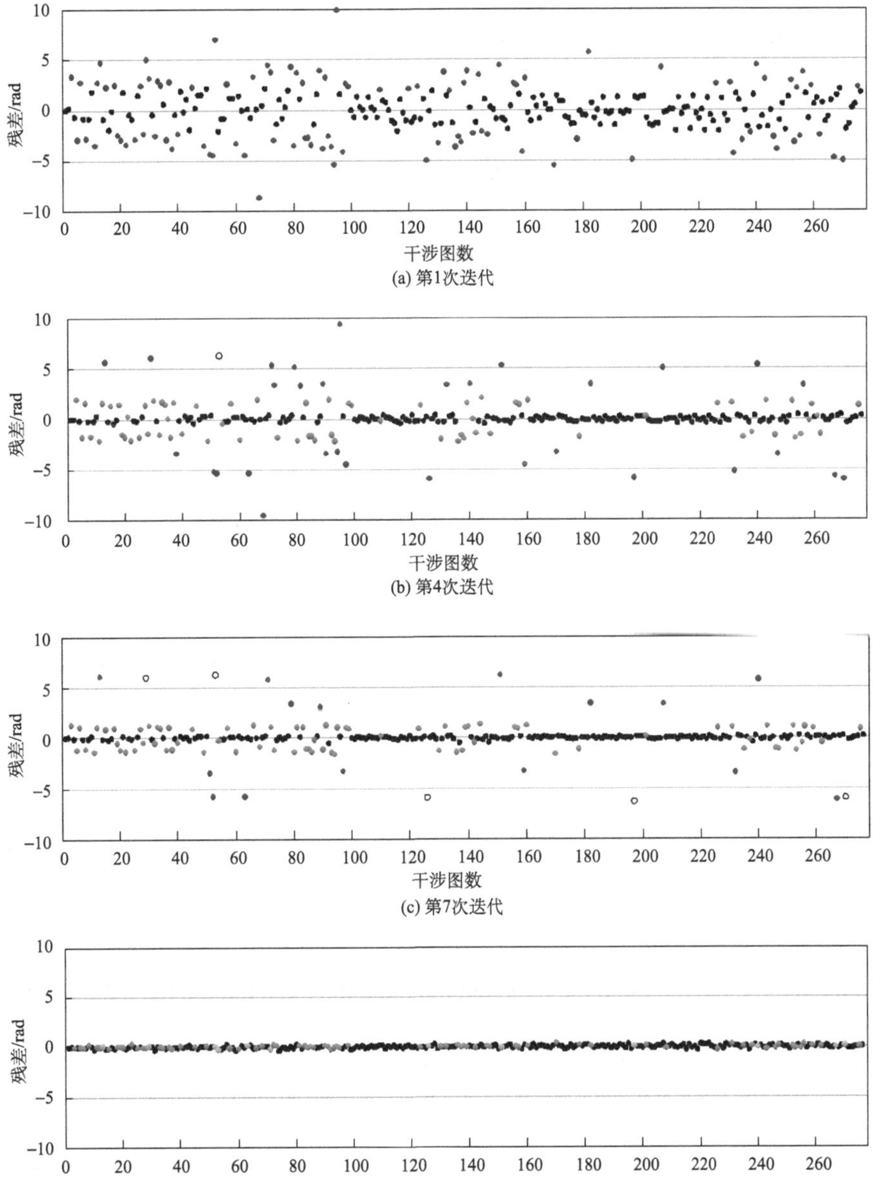

(a) 第1次迭代
(b) 第4次迭代
(c) 第7次迭代
(d) 最后一次迭代

图 3.10　第 116 个像元点的 1D 校正过程

3.6 小　　结

本章针对传统差分干涉测量方法存在时空失相干、大气延迟不一致等问题，研究了 SAR 干涉时间序列分析法，重点研究了短基线干涉法和永久散射体干涉法。考虑 SAR 干涉时间序列分析法干涉图之间的相关性，研究了 2D+1D 相位解缠方法，该方法可对干涉相位形成的闭合环进行检测，并消除闭合环误差，从而提高时间序列分析中相位解缠的精度。

参 考 文 献

葛大庆, 王艳, 郭小方, 等. 2008. 利用短基线差分干涉纹图集监测地表形变场. 大地测量与地球动力学, 28(2): 61-66.

黄其欢. 2009. 短基线 DInSAR 方法及其在地表沉降监测中应用研究. 南京: 河海大学.

黄其欢, 何秀凤. 2007. 合成孔径雷达差分干涉测量在地震形变监测中的应用. 中国地质灾害与防治学报, 18(1): 149-151.

刘国祥, 陈强, 丁晓利. 2007. 基于雷达干涉永久散射体网络探测地表形变的算法与试验结果. 测绘学报, 36(1): 13-18.

王超, 张红, 刘智, 等. 2002. 星载合成孔径雷达干涉测量. 北京: 科学出版社.

Berardino P, Fornaro G, Lanari R. 2002. A new algorithm for surface deformation monitoring based on small baseline differential interferograms. IEEE Transactions on Geoscience and Remote Sensing, 40(11): 2375-2383.

Ferretti A, Prati C, Rocca F. 2001. Permanent scatterers in SAR interferometry. IEEE Transactions on Geoscience and Remote Sensing, 39(1): 8-20.

Ferretti A, Prati C, Rocca F. 2002. Nonlinear subsidence rate estimation using permanent scatters in differential SAR interferometry. IEEE Transactions on Geoscience and Remote Sensing, 38(5): 2202-2212.

Ghiglia D C, Pritt M D. 1998. Two-Dimensional Phase Unwrapping: Theory, Algorithms, and Software. New York: Wiley.

Hanssen R F, 2001. Radar Interferometry: Data Interpretation and Error Analysis. Dordrecht: Kluwer Academic Publishers.

Li Z H, Fielding E J, Cross P, et al. 2006. Interferometric synthetic aperture radar atmospheric correction: Medium resolution imaging spectrometer and advanced synthetic aperture radar integration. Geophysical Research Letters, 33(6): 816.

Mora O, Mallorqui J J, Broquetas A. 2003. Linear and nonlinear terrain deformation maps from a reduced set of interferometric SAR images. IEEE Transactions on Geoscience and Remote Sensing, 41(10): 2243-2253.

Tizzani P, Berardino P, Casu F, et al. 2007. Surface deformation of Long Valley caldera and Mono

Basin, California, investigated with the SBAS-InSAR approach. Remote Sensing of Environment, 108(3): 277-289.

Tough R J, Blacknell D, Quegan S, et al. 1995. A statistical description of polarimetric and interferometric synthetic aperture radar. Proceedings of the Royal Society London A, 449(1937): 567-589.

Touzi R, Lopes A. 1996. Statistics of the Stokes parameters and of the complex coherence parameters in one-look and multi-look speckle fields. IEEE Transactions on Geoscience and Remote Sensing, 34(2): 519-531.

Usai S. 2003. A least squares database approach for SAR interferometric data. IEEE Transactions on Geoscience and Remote Sensing, 41(4): 753-760.

Xia Y, Kaufmann H, Guo X F. 2004. Landslide monitoring in the Three Georges Area using DInSAR and corner reflectors. Photogrammetric Engineering and Remote Sensing, 70(10): 1167-1172.

第 4 章 星载 SAR 大型桥梁变形监测与分析

桥梁位移监测是桥梁结构健康监测的重要内容之一。其中，在桥梁活动支座、伸缩缝等特定位置开展纵向位移的长期监测对于准确把握桥梁纵向变形性能、评估支座和伸缩缝工作状态具有重要应用价值（丁幼亮等，2014；Webb et al., 2014；岳青等，2015）。传统桥梁位移监测技术通过布设位移传感器来采集离散监测点的位移信息，存在信息不全面的缺点，并且监测系统实施成本高、管理维护困难。相关研究表明（Fornaro et al., 2013；Goel et al., 2014），大跨桥梁的纵向位移主要由结构热膨胀引起，并且与结构温度具有很强的相关性。本章研究大跨桥梁 InSAR 相位组成特点，建立适用于大跨桥梁纵向位移监测的 InSAR 时间序列变形模型；以京沪高铁南京大胜关长江大桥为对象，利用欧洲太空署 Sentinel-1A 卫星影像，获得全桥纵向位移信息，建立支座处纵向位移与结构温度的相关性模型以及全桥纵向位移的空间相关性模型，实现全桥纵向变形的准确监控。

4.1 大胜关长江大桥概况

南京大胜关长江大桥位于南京长江大桥上游 20 km 处，距下游南京长江第三大桥约为 1.55 km，是京沪高速铁路和沪汉蓉铁路越江通道，两侧为南京地铁 S3 号线双线地铁，是六线铁路大桥。大桥桁内分幅布置 2 线京沪高速铁路与 2 线沪汉蓉铁路，2 线南京地铁分置于主桁两侧，其中京沪高速铁路设计行车时速达 300 km，南京地铁行车时速是 80 km。

大桥全长 9.273 km，其中大桥主桥为（108+192+336+336+192+108）m 连续钢桁拱桥，由三片主桁架、桁间支撑、钢桥面板和横向加劲梁组成，其中 336 m 的设计尺寸名列世界同类高速铁路之首。两个 336 m 的主跨为钢桁拱连续梁，拱的矢高为 84.2 m，矢跨比约为 1/4，拱顶桁高 12 m，从拱趾到拱顶总高 96.2 m。平弦与拱桁间设加劲弦及变高桁相连接。铁路桥面设在平弦的下弦和拱桁的系杆上，离拱趾约为 28 m。大桥整体布局及主桥结构如图 4.1 和图 4.2 所示。

2006 年 9 月 14 日，大桥开工建设；2008 年 2 月 27 日，大桥开始全面架设钢梁；2009 年 9 月 28 日，大桥顺利合龙贯通；2011 年 1 月 11 日，大桥沪汉蓉铁路双线正式运营。2017 年 12 月 6 日，南京地铁 S3 号线正式通车。至此，大胜关长江大桥 6 条铁路（或地铁）全部运营。

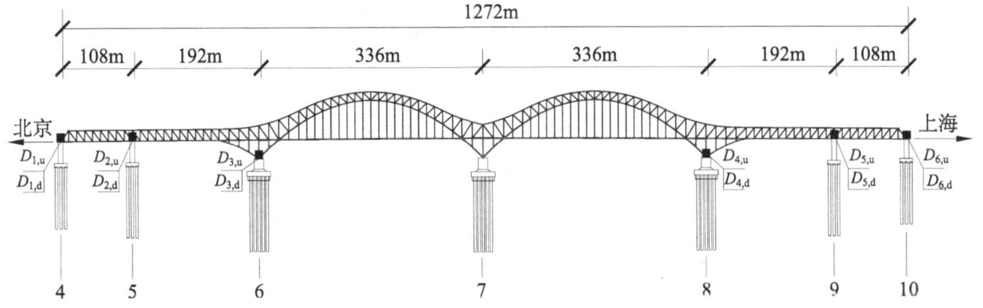

图 4.1　南京大胜关长江大桥整体布局图

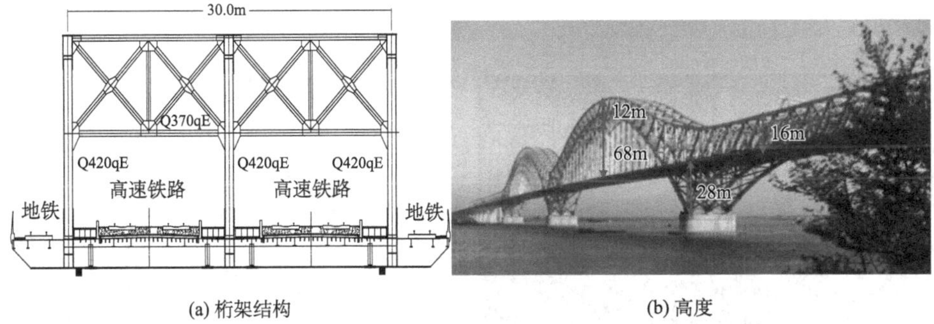

(a) 桁架结构　　(b) 高度

图 4.2　南京大胜关长江大桥主桥结构

由于高速列车安全行车需要，桥面系采用道砟整体桥面的多横梁结构体系。南京大胜关长江大桥钢主梁首次采用了 Q420qE 级高强度、高韧性与良好焊接性能的新型钢材，为适应温度变化引起钢主梁产生纵向变形的情况，大胜关长江大桥在 4#墩、5#墩、6#墩、8#墩、9#墩、10#墩安装了纵向活动支座，而将主桥中部的 7#墩利用铰接支座进行固定，即 7#墩支座处的主梁纵向位移受到约束（Zhou, 2015；Wang et al., 2016）。

4.2　主桥变形时间序列特性分析与健康监测

4.2.1　主桥变形时间序列特性

收集 Sentinel-1A 升轨 IW 模式 SLC 影像 29 幅，时间跨度为 2015 年 4 月 25 日至 2016 年 8 月 5 日。在所有影像均与第一幅影像进行配准后，采用冗余差分干涉组网的方法共计产生 81 幅差分干涉图。为保持原有影像空间分辨率，没有做多视处理，并且地形相位去除采用 SRTM3 DEM（Rabus et al., 2003）。

采用相位离差指数小于 0.2 作为 PS 点选点的阈值（Ferretti et al., 2001），为控制相位解缠误差的传播，仅对大桥区域进行相位解缠；同时，为检测相位解缠的正确性，采用 2D+1D 相位解缠方法在时间域上进行相位闭合性检查（Crosetto et al., 2011），并选取 7#墩附近的像元作为稳定像元。

图 4.3（a）显示了大胜关长江大桥的 SAR 影像强度均值图，从图中可以看出，相对于沥青路面的高速公路大桥——南京长江第三大桥[图 4.3（a）右下角]，钢桁结构的铁路桥梁具有更强的雷达反射特性。从差分干涉对 2016/03/26_2016/04/07[图 4.3（b）]可以看出，大桥主桥具有连续、清晰的干涉条纹，且干涉条纹的色彩变化部分与主桥吻合，说明在 SAR 成像期间主桥出现了明显的雷达 LOS 向变形。

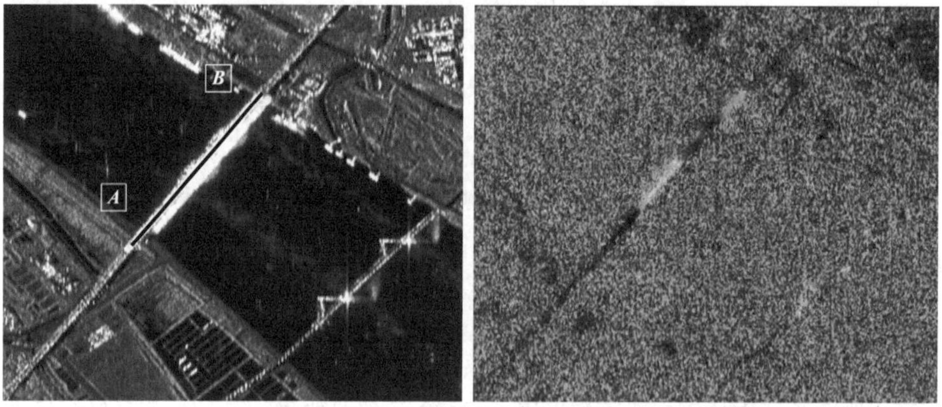

图 4.3　SAR 影像强度均值图（a）和差分干涉对 2016/03/26_2016/04/07（b）

表 4.1 为利用 PS 法获取的大胜关长江大桥主桥 LOS 向变形时空过程图。从表中可以看出，主桥以 7#墩为中心，变形量逐渐向两端增大，两端变形大小相等，但方向相反。表 4.1 的 LOS 向变形图中，第一幅影像为参考影像，其成像时刻的环境温度为 25℃。图中的正值（偏红色）表示变形方向远离卫星，而负值（偏蓝色）表示变形方向靠近卫星。

表 4.1　大胜关长江大桥主桥 LOS 向变形时空过程图

编号	影像日期	LOS 向变形/rad	T/°C	最大值/rad	最小值/rad
1	2015/4/25		25.0	0.00	0.00
2	2015/7/6		18.2	3.85	–3.40

续表

编号	影像日期	LOS 向变形/rad	T/°C	最大值/rad	最小值/rad
3	2015/7/30		33.0	5.99	–4.63
4	2015/8/11		27.5	2.51	–1.45
5	2015/8/23		27.5	1.82	–2.03
6	2015/9/16		25.2	1.35	–1.02
7	2015/9/28		26.3	1.80	–1.37
8	2015/10/10		19.6	3.25	–3.55
9	2015/10/22		22.6	2.52	–1.64
10	2015/11/3		15.8	6.13	–5.64
11	2015/11/15		17.1	6.83	–5.10
12	2015/11/27		4.5	14.00	–13.50
13	2015/12/9		10.3	10.20	–10.73
14	2015/12/21		7.0	12.65	–13.45
15	2016/1/14		3.6	14.39	–13.91
16	2016/1/26		4.8	14.31	–14.69
17	2016/2/19		12.6	8.51	–9.49
18	2016/3/2		16.6	7.13	–9.33
19	2016/3/14		11.8	8.07	–9.93
20	2016/3/26		11.3	8.82	–10.03
21	2016/4/7		17.8	6.26	–6.62
22	2016/4/19		21.0	2.47	–2.71
23	2016/5/1		26.8	1.62	–1.85
24	2016/5/13		18.4	4.52	–4.36
25	2016/5/25		27.7	1.67	–1.67
26	2016/6/6		24.9	2.28	–1.27
27	2016/6/30		30.7	4.31	–2.83
28	2016/7/24		36.3	8.11	–7.69
29	2016/8/5		29.7	4.09	–3.54

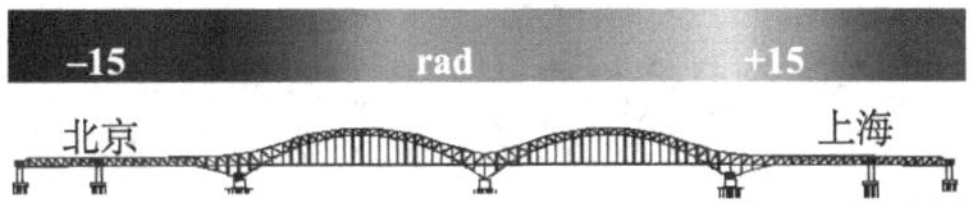

假设钢桁架结构的桥梁变形主要由热膨胀引起，则根据卫星成像几何关系将 LOS 向变形转换到桥梁纵轴线上，并选取桥梁纵轴线向直线 *AB*（图 4.3）上的像元代表主桥变形。图 4.4 显示了桥梁纵向变形与影像成像温度之间的关系。

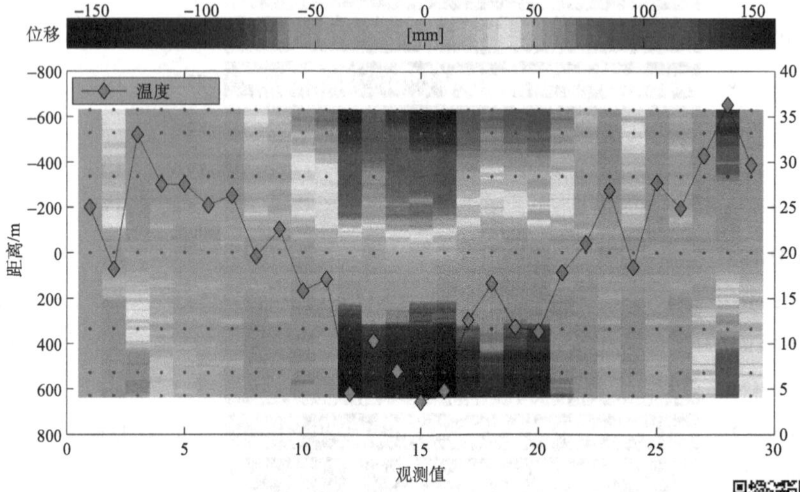

图 4.4　桥梁纵向变形与影像成像温度之间的关系

为进一步研究主桥纵向变形与温度的相关性，选取安装活动支座处的像元点进行时间序列分析，如图 4.5 所示。从中可以看出，主桥纵向变形具有明显的季节性，且 4#、5#、6#墩变形与温度呈负相关（相关系数分别为–0.99、–0.99 和–0.98），而 8#、9#、10#墩变形与温度呈正相关（相关系数分别为 0.98、0.99 和 0.98）。

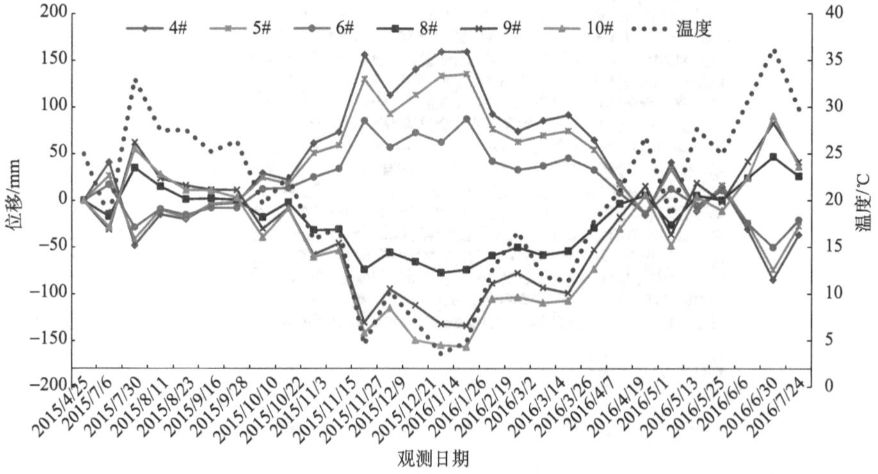

图 4.5　活动支座处桥梁纵向变形时间序列与温度的相关性分析

4.2.2　主桥变形建模与健康监测

从以上的分析可以看出，大桥主桥纵向变形与温度具有线性相关性，可建立主桥纵向变形与成像时刻温度的线性模型，并据此对桥梁的健康状态进行监测。

设桥梁纵向变形 d_L 满足：

$$d_L = b_0 + b_1 T \tag{4.1}$$

式中，T 为 SAR 影像成像时刻的环境温度；b_0 和 b_1 为线性回归参数。

图 4.6 显示了活动支座 4#、5#处桥梁纵向变形与环境温度回归分析结果，从中可以看出桥梁纵向变形具有明显的线性特性。根据相关资料的对比，如表 4.2 所示，这种线性特性与现场位移监测结果获取的模型非常一致（Huang et al., 2017b），4#、5#和 6#墩的线性斜率分别相差 0.30mm/℃、0.17mm/℃和−0.03mm/℃。

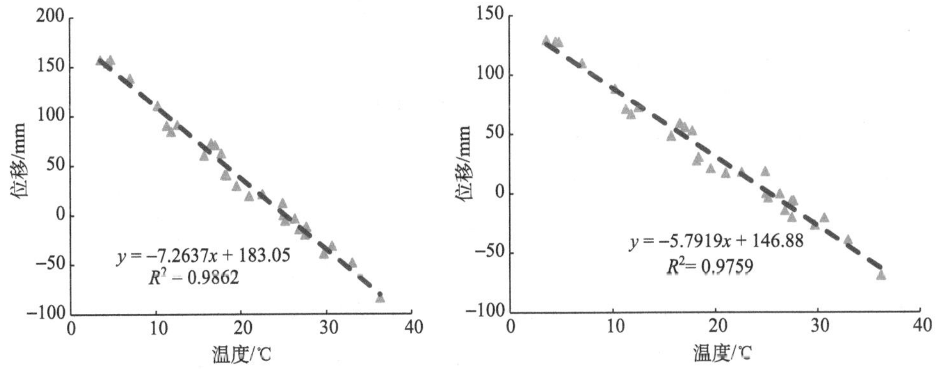

(a) 4#　　(b) 5#

图 4.6　活动支座 4#、5#处桥梁纵向变形与环境温度回归分析结果

表 4.2　活动支座 4#、5#、6#处桥梁纵向变形与环境温度的线性回归模型对比

活动支座	InSAR 模型	参考模型	相差/（mm/℃）
4#	d_L=183.05−7.26T	d_L=115.24−6.96T	0.30
5#	d_L=146.88−5.79T	d_L=92.53−5.62T	0.17
6#	d_L=92.39−3.79T	d_L=66.28−3.82T	−0.03

桥梁的变形模型可在桥梁建成的初期通过 InSAR 建立，也可以通过其他测量手段建立。桥梁的健康监测即基于上述变形模型，利用置信区间和假设检验的方法来诊断桥梁结构的安全性。

现假设利用 M 幅 SAR 影像建立了桥梁的变形模型，模型的拟合均方差为

MS_{Res}，对于第 M+1 幅影像，成像时环境温度为 T_{M+1}，则根据变形模型可以预测得到桥梁纵向变形 $\hat{d}_L$，该预测值的标准差为

$$\text{stdev} = \sqrt{\text{MS}_{\text{Res}} \cdot \boldsymbol{X}_0^{\text{T}} (\boldsymbol{X}^{\text{T}} \boldsymbol{X})^{-1} \boldsymbol{X}_0} \tag{4.2}$$

式中，$\boldsymbol{X}$ 为 M×2 阶矩阵，其各行为（1，T_1）、（1，T_2）、…、（1，T_M）；$\boldsymbol{X}_0$=（1，T_{M+1}）^{T}。

$\hat{d}_L$ 的 $1-\alpha$ 置信区间为 $\hat{d}_L \pm t_{\text{crit}} \cdot \text{stdev}$，其中 t_{crit} 是置信度为 $\alpha/2$、自由度为 $\text{df}_{\text{Res}} = M-1$ 的 t 分布的临界值。预测值的置信区间也用类似的方法计算，只是方差变为 $d_L - \hat{d}_L$ 的方差：

$$\sigma^2_{(d_L - \hat{d}_L)} = \text{MS}_{\text{Res}} + \text{MS}_{\text{Res}} \cdot \boldsymbol{X}_0^{\text{T}} (\boldsymbol{X}^{\text{T}} \boldsymbol{X})^{-1} \boldsymbol{X}_0 \tag{4.3}$$

至此，$\hat{d}_L$ 的 $1-\alpha$ 置信区间为

$$\hat{d}_L \pm t_{\text{crit}} \cdot \sqrt{\text{MS}_{\text{Res}} (1 + \boldsymbol{X}_0^{\text{T}} (\boldsymbol{X}^{\text{T}} \boldsymbol{X})^{-1} \boldsymbol{X}_0)} \tag{4.4}$$

式（4.3）中的最后一项为预测标准差。

以 4#和 5#桥墩的支座位移为例，首先利用前 26 幅影像建立支座的位移模型（图 4.7 的虚直线）；然后根据成像温度与位移模型计算后续 SAR 影像获取时刻的支座位移（图 4.7 的空心三角形），并计算 0.95 的置信区间上界（实心长方形）和下界（实心椭圆形）；最后，以支座为中心，选取距离小于 7 个像元的所有像元点（交叉线）。从图中可以看出，三个成像时刻所有的像元位移均在置信区间内，也就是说可以以 95%的置信度说明大桥在这三个成像时刻处于正常运行状态。当然，如果发现多数像元点的位移偏离设定的置信区间，那么说明桥梁的自由伸缩受到了影响，需要对支座的完好性进行检查。

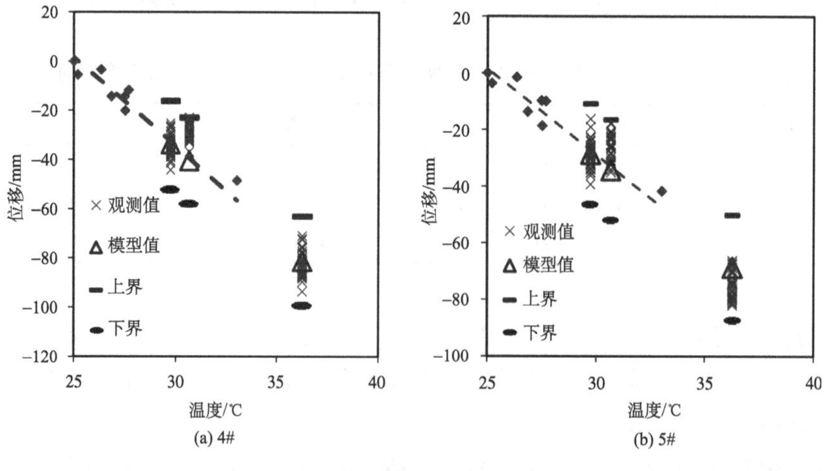

图 4.7　4#、5#支座处桥梁纵轴向位移的预测值、测量值及置信区间

4.3　基于全桥变形模型的大型桥梁健康诊断方法

本节基于支座位移模型思路，提出一种基于星载 SAR 的大型桥梁全桥变形监测与健康诊断新方法，该方法的主要思想是：①假设当前桥梁处于健康状态，利用当前已有的 SAR 影像序列，对全桥的热膨胀特性进行建模；②利用新获取的 SAR 影像，提取新时刻的桥梁变形信息，并将该信息与变形模型计算的变形信息进行假设检验分析，从而对桥梁健康状态进行评估和诊断。大型桥梁变形监测与健康诊断的主要流程如图 4.8 所示，其主要步骤包括以下几个方面。

（1）收集桥梁区域的 SAR 影像和温度信息。假设有 N 幅 SAR 影像的成像时刻分别为 $t_1,t_2,\cdots,t_N$，对应成像时刻的环境温度为 $T_1,T_2,\cdots,T_N$。

（2）生成差分干涉图，并采用传统 PS 法获取变形时间序列。一般为提高时间序列解算的精度和可靠性，差分干涉的组织形式均采用冗余干涉方法，假设上述 N 幅影像共获取 M 幅差分干涉图（$M \gg N$）（Huang et al., 2017a）。

（3）采用扩展 PSI 方法进行差分干涉相位的解算。解算步骤包括：

①像元选取。采用振幅离差指数法选取相位噪声小的像元点（Ferretti et al., 2001）。

②像元组网。将像元相连进行组网，如图 4.9 所示，对于差分干涉图 k 中的网边 e，$\Delta\Phi^k(e)$ 表示其相位值，即两个像元差分相位之差，这里作为观测值，表示为 $\Delta\Phi_{\text{obs}}^k$。

③参数解算。对每个观测量，可以组成以下方程：

$$\begin{aligned}\Delta\varepsilon^k &= \Delta\Phi_{\text{obs}}^k - \Delta\Phi_m^k(\Delta v,\Delta \text{te},\Delta \text{Th}) \\ &= \Delta\Phi_{\text{obs}}^k - \frac{4\pi}{\lambda}\left(\Delta T^k \Delta v + \frac{B_\perp^k}{R^k \sin\theta^k}\Delta \text{te} + \Delta \text{Temp}^k \Delta \text{Th}\right)\end{aligned} \tag{4.5}$$

式中，$\Delta\varepsilon^k$ 为网边 e 对应的观测值残差；$\Delta\Phi_m^k(\Delta v,\Delta \text{te},\Delta \text{Th})$ 为模型相位值；Δv 、Δte 和 ΔTh 为网边 e 对应的模未知参数：Δv 为对应网边的速率差值；Δte 为对应网边的高程残差差值；ΔTh 为对应网边的热膨胀系数差值；ΔT^k 和 $B_\perp^k$ 为差分干涉图 k 的时间和空间基线；ΔTemp^k 为生成差分干涉图 k 所对应的两幅影像成像时刻的温度差；R^k 和 θ^k 为斜距和雷达入射角；λ 为雷达波长。

对网中的每个边 e，通过最大化以下函数求得模型的三个未知参数：

$$\gamma = \frac{1}{M}\sum_{k=1}^{M}\exp\left\{j\left[\Delta\Phi_{\text{obs}}^k - \Delta\Phi_m^k(\Delta v,\Delta \text{te},\Delta \text{Th})\right]\right\} \tag{4.6}$$

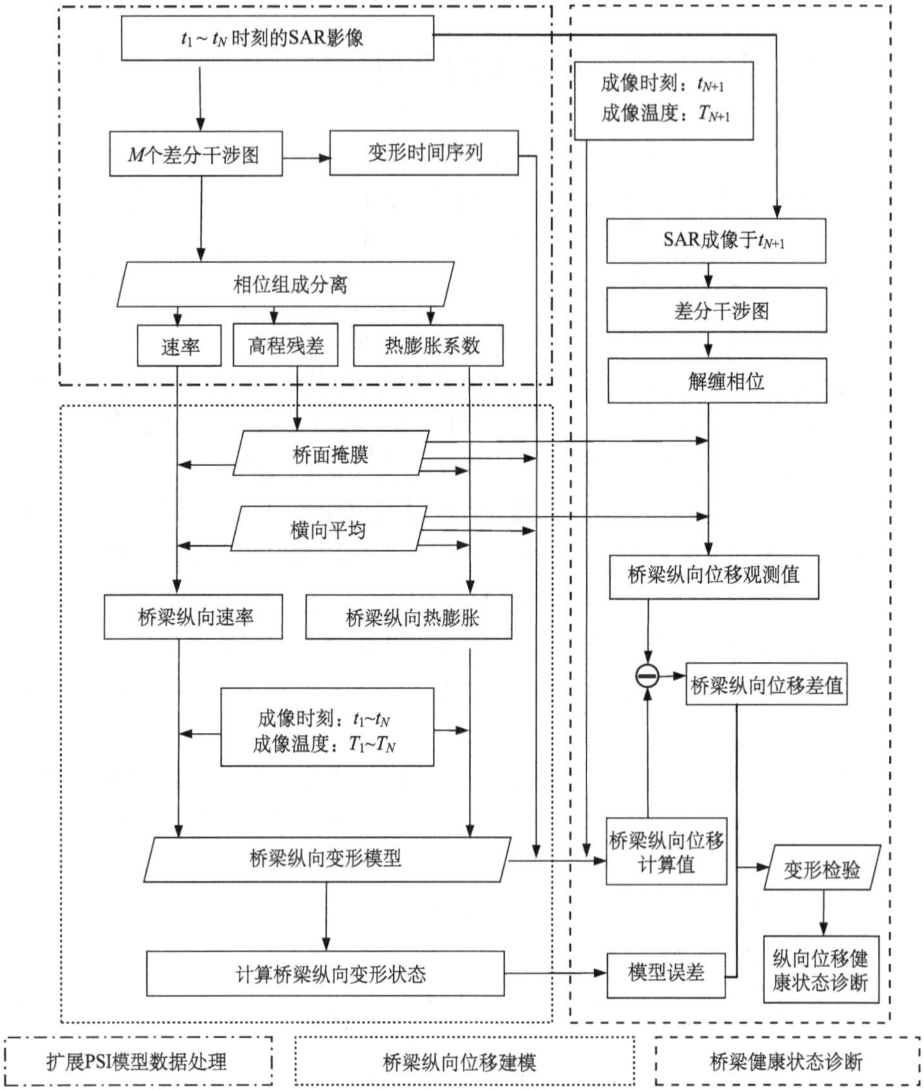

图 4.8　大型桥梁变形监测与健康诊断主要流程图

式中，γ 为参数吻合度指标，介于 0～1，它的大小反映了未知参数估计的质量；M 为差分干涉图的数量。

④相位重构。由于求解出的未知参数为两个像元（网边）相位组成的差分值，为此需要选定一个基准点，对每个像元的相位组成进行重构。实际操作中，为提高精度和可靠性，可以采用加权平均的方法。

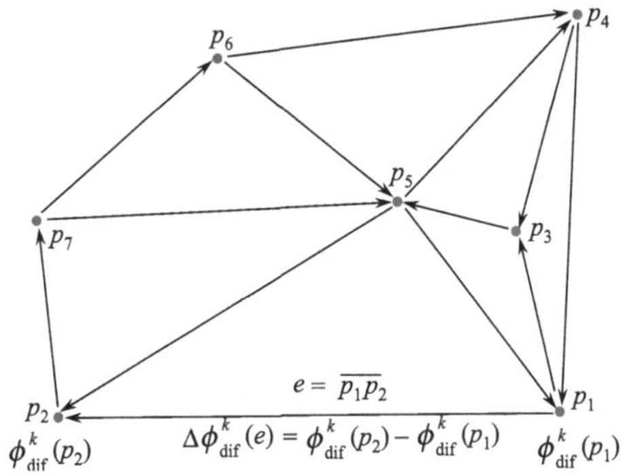

图 4.9　差分干涉像元组网示意图

（4）桥梁变形建模及模型误差计算。利用上述求解的模型参数，建立桥梁变形的模型，并对其精度进行估计。包括以下过程：

①建立桥面掩膜。为提高桥梁热膨胀变形监测的精度，需去除桥梁上部结构（如桥拱等）高程差异导致的相位影响。这里假定桥面高程一致，对上述求解参数中的高程残差进行统计分析，从而去除桥梁上部结构散射点，仅保留桥面散射点。

②提取桥梁纵向参数。桥梁纵向参数的提取有两种方法，一种简单的方法是沿着桥梁纵轴线方向画一直线，利用直线上像元的相位代表桥面的纵向变形；另外一种方法是用桥面上横轴向的像元平均值来获取全桥的纵向变形（Huang et al., 2017a）。

③桥梁变形建模。获取桥梁纵轴线的变形参数后，即可建立如下纵向变形模型：

$$d_{\text{Long}} = \Delta\text{Temp} \cdot \Delta\text{Th} + \Delta v \cdot \Delta t \tag{4.7}$$

式中，d_{Long} 为模型纵向变形；ΔTemp 和 Δt 分别为环境温度（单位：℃）和变形历时（单位：天）；ΔTh 和 Δv 分别为利用上述扩展 PSI 估计的桥梁纵轴线向热膨胀系数和线性变形速率。

④模型误差估计。利用已有的 N 幅 SAR 影像（成像时刻为 $t_1, t_2, \cdots, t_N$，对应成像时刻的环境温度为 $T_1, T_2, \cdots, T_N$），通过上述模型，计算每个成像时刻的桥梁变形，并与②中的时间序列变形进行对比，估计出桥面变形的标准差。

（5）桥梁健康状态诊断。桥梁健康状态的诊断思想是将后续 SAR 获取的桥梁变形状态与通过上述变形模型计算的桥梁变形状态进行对比，并利用假设检验的方法判断 SAR 成像时刻的桥梁健康状况。包括以下几个步骤：

①变形差计算。假设在 t_N 时刻获取了一幅新的 SAR 影像，设成像时刻的环境温度为 T_N，这样至少可以在 t_N 和 t_{N+1} 之间生成一幅差分干涉图。针对此干涉图，

选取相同的 PS 点，进行相位解缠，横向变形求均值，即可获取桥梁变形信息。将监测的桥梁变形信息与模型计算的变形量求差，可得

$$\mathrm{Diff}_{\mathrm{Long}}^{k,k+1} = \mathrm{Interf}_{\mathrm{Long}}^{k,k+1} - \mathrm{Model}_{\mathrm{Long}}^{k,k+1} \tag{4.8}$$

式中，$\mathrm{Model}_{\mathrm{Long}}^{k,k+1} = \Delta\mathrm{Temp}^{k,k+1}\Delta\mathrm{Th} + \Delta v\Delta Tt^{k,k+1}$ 为模型计算的桥梁纵向变形；$\mathrm{Interf}_{\mathrm{Long}}^{k,k+1}$ 为利用新影像观测的变形。

②健康诊断。健康诊断的方法是对上述变形差的假设检验，利用两倍的模型误差作为置信区间。当变形差在置信区间内时，认为桥梁的变形处于正常的范围内，桥梁处于健康状态；而当变形差超出置信区间时，认为桥梁变形出现异常，桥梁处于不健康状况，需要进行进一步的检测，以确定原因。

4.4　大胜关长江大桥变形监测与健康诊断

本节利用 Sentinel-1 SAR 数据，研究南京大胜关长江大桥的变形特性，并基于该变形特性，建立桥梁健康模型，对大桥的健康状况进行诊断。

4.4.1　SAR 影像数据

覆盖南京大胜关长江大桥的 Sentinel-1 SAR 数据包括两个 Track，分别为 Track01 和 Track02，如图 4.10 所示。Track01 的第一幅影像成像于 2015 年 4 月 25 日，绝对轨道号为 005639；Track02 的第一幅影像成像于 2015 年 4 月 2 日，绝对轨道号为 005437。Track01 影像共计 75 幅，最后一幅成像于 2018 年 5 月 15

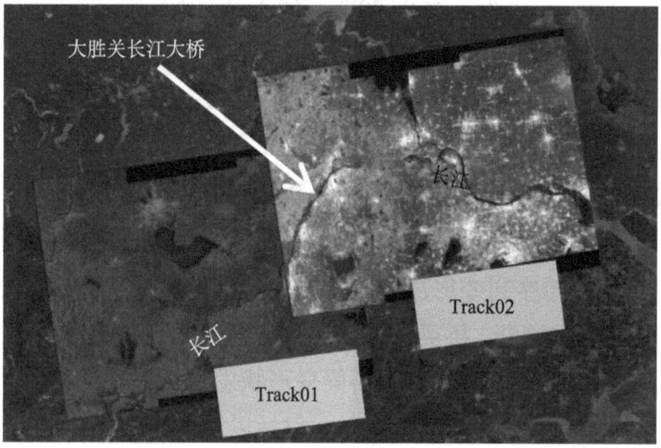

图 4.10　覆盖南京大胜关长江大桥的 Sentinel-1 SAR 数据影像

日；Track02 共计 66 幅，最后一幅成像于 2018 年 5 月 10 日。两个 Track 数据见表 4.3 和表 4.4，表中的温度为浦口气象站获取的大气温度。大胜关长江大桥在两个 Track 中分别处于第三个 Swath（Track01）和第一个 Swath（Track02），对应的雷达入射角分别为 45°和 31°。

表 4.3　Track01: Sentinel-1 SAR 数据及成像温度

编号	日期	T/℃	编号	日期	T/℃	编号	日期	T/℃	编号	日期	T/℃
1	2015/4/25	25.0	21	2016/4/7	17.8	41	2017/2/13	12.6	61	2017/11/4	11.7
2	2015/7/6	18.2	22	2016/4/19	21.0	42	2017/2/25	11.0	62	2017/11/16	14.1
3	2015/7/30	33.0	23	2016/5/1	26.8	43	2017/3/9	16.1	63	2017/11/28	14.4
4	2015/8/11	27.5	24	2016/5/13	18.4	44	2017/3/21	13.2	64	2017/12/10	8.4
5	2015/8/23	27.5	25	2016/5/25	27.7	45	2017/4/2	19.6	65	2017/12/22	11.5
6	2015/9/16	25.2	26	2016/6/6	24.9	46	2017/4/14	24.7	66	2018/1/3	1.8
7	2015/9/28	26.3	27	2016/6/30	30.7	47	2017/4/26	17.8	67	2018/1/15	11.6
8	2015/10/10	19.6	28	2016/7/24	36.3	48	2017/5/8	15.6	68	2018/1/27	–1.2
9	2015/10/22	22.6	29	2016/8/5	29.7	49	2017/5/20	28.6	69	2018/2/20	4.2
10	2015/11/3	15.8	30	2016/8/17	33.0	50	2017/6/1	32.5	70	2018/3/4	16.4
11	2015/11/15	17.1	31	2016/8/29	27.2	51	2017/6/13	22.4	71	2018/3/28	24.6
12	2015/11/27	4.5	32	2016/10/4	22.4	52	2017/6/25	28.5	72	2018/4/9	23.3
13	2015/12/9	10.3	33	2016/10/16	20.7	53	2017/7/19	34.1	73	2018/4/21	22.5
14	2015/12/21	7.0	34	2016/10/28	12.8	54	2017/7/31	33.8	**74**	**2018/5/3**	**24.1**
15	2016/1/14	3.6	35	2016/11/9	10.3	55	2017/8/12	26.2	**75**	**2018/5/15**	**33.2**
16	2016/1/26	4.8	36	2016/12/3	11.5	56	2017/8/24	32.1			
17	2016/2/19	12.6	37	2016/12/15	4.4	57	2017/9/5	26.7			
18	2016/3/2	16.6	38	2016/12/27	2.8	58	2017/9/17	27.0			
19	2016/3/14	11.8	39	2017/1/8	5.7	59	2017/10/11	15.1			
20	2016/3/26	11.3	40	2017/2/1	3.7	60	2017/10/23	15.1			

注：未加粗数据用于变形建模，加粗数据用于健康诊断

表 4.4　Track02: Sentinel-1 SAR 数据及成像温度

编号	日期	T/℃	编号	日期	T/℃	编号	日期	T/℃	编号	日期	T/℃
1	2015/4/8	10.8	7	2015/10/5	20.4	13	2016/3/21	15.0	19	2016/9/29	18.3
2	2015/5/2	17.9	8	2015/11/22	16.6	14	2016/4/14	24.2	20	2016/10/11	18.2
3	2015/7/1	27.8	9	2015/12/16	4.3	15	2016/5/8	14.2	21	2016/10/23	16.2
4	2015/7/25	28.5	10	2016/1/9	8.1	16	2016/6/1	20.2	22	2016/11/4	16.9
5	2015/8/18	28.4	11	2016/2/2	2.5	17	2016/7/19	30.3	23	2016/11/16	14.9
6	2015/9/11	25.1	12	2016/2/26	15.3	18	2016/8/12	33.7	24	2016/11/28	9.5

续表

编号	日期	T/℃	编号	日期	T/℃	编号	日期	T/℃	编号	日期	T/℃
25	2016/12/10	10.3	39	2017/6/8	28.4	53	2017/12/5	5.7			
26	2017/1/3	11.2	40	2017/7/2	24.3	54	2017/12/17	1.9			
27	2017/1/15	4.0	41	2017/7/14	33.8	55	2017/12/29	10.5			
28	2017/1/27	6.5	42	2017/7/26	36.2	56	2018/1/10	2.8			
29	2017/2/8	1.0	43	2017/8/7	32.2	57	2018/1/22	8.1			
30	2017/2/20	4.4	44	2017/8/19	30.1	58	2018/2/3	−1.2			
31	2017/3/4	16.4	45	2017/8/31	20.0	59	2018/2/15	6.6			
32	2017/3/16	11.9	46	2017/9/12	26.6	60	2018/2/27	14.3			
33	2017/3/28	19.5	47	2017/9/24	21.4	61	2018/3/11	18.6			
34	2017/4/9	11.8	48	2017/10/6	19.1	62	2018/3/23	18.5			
35	2017/4/21	20.4	49	2017/10/18	15.9	63	2018/4/4	11.9			
36	2017/5/3	21.1	50	2017/10/30	12.5	64	2018/4/16	16.9			
37	2017/5/15	20.2	51	2017/11/11	13.9	**65**	**2018/4/28**	**25.1**			
38	2017/5/27	30.6	52	2017/11/23	11.2	**66**	**2018/5/10**	**20.8**			

注：未加粗数据用于变形建模，加粗数据用于健康诊断

4.4.2　星载 SAR 桥梁监测的灵敏度分析

由于星载雷达仅能获取雷达 LOS 向的变形，桥梁轴线的方向和雷达视角决定了利用星载雷达对桥梁监测的灵敏度（Fornaro et al., 2013）。假定桥梁受热胀冷缩的变形主要影响大桥纵轴方向，则 LOS 向的变形与桥梁纵轴线向的变形存在如下关系（图 4.11）：

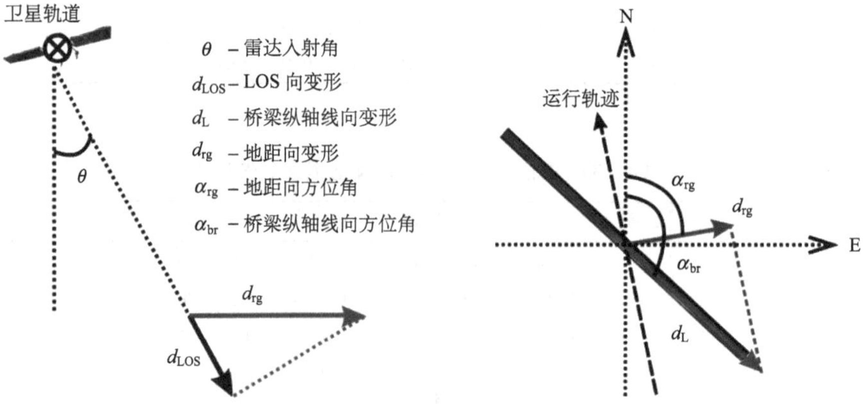

图 4.11　LOS 向变形与桥梁纵轴线向关系图

$$d_{\mathrm{L}}=\frac{d_{\mathrm{LOS}}}{\sin\theta\cos(\alpha_{\mathrm{br}}-\alpha_{\mathrm{rg}})} \tag{4.9}$$

式中，d_{LOS} 和 d_{L} 分别为 LOS 向和桥梁纵轴线向变形；θ 为雷达入射角；水平角 $\alpha=\alpha_{\mathrm{br}}-\alpha_{\mathrm{rg}}$ 为地距向 α_{rg} 和桥梁纵轴线向 α_{br} 之间的夹角。

定义 $s=\sin\theta\cos\alpha$ 为 LOS 向变形投影到桥梁纵轴线向的灵敏度，图 4.12 显示了该灵敏度指标随雷达入射角 θ 和水平角 α 的变化关系。从图中可以看出，当雷达地距向与桥梁纵轴线向垂直时，灵敏度指标值为零，此时，雷达对桥梁纵轴线向变形不敏感，从而无法获取纵轴线向变形。表 4.5 为基于 Track01 和 Track02 成像几何参数计算的南京大胜关长江大桥灵敏度。

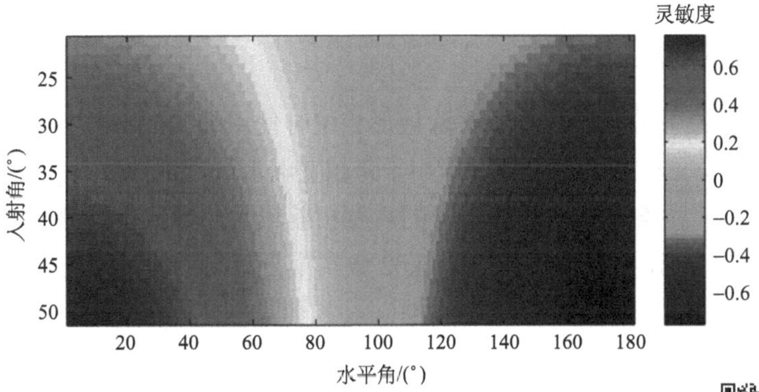

图 4.12　灵敏度 s 与雷达入射角 θ 和水平角 α 的关系

表 4.5　基于 Track01 和 Track02 成像几何参数计算的南京大胜关长江大桥的灵敏度

指标	Track 01	Track 02
θ / (°)	45.0	31.0
α_{br} / (°)	133.6	133.6
α_{rg} / (°)	79.5	79.5
α / (°)	54.1	54.1
s	0.41	0.30

4.4.3　PS 数据处理

为利用全桥变形模型进行大胜关长江大桥健康诊断，将每个数据集分成两组，$G1$（非加粗字体）和 $G2$（加粗字体）（表 4.3 和表 4.4），并假定在 $G2$ 组影像成像前，大桥处于健康状态。

扩展 PSI 的数据处理包括生成差分干涉图、变形模型建立和解算等步骤（Crosetto et al., 2011）。差分干涉图构建采用冗余差分干涉法，即将时间基线小于 132 天的所有影像对进行差分干涉处理，如图 4.13 所示。地形相位采用 SRTM3 DEM 去除，Track01 和 Track02 分别组建了 585 幅和 485 幅差分干涉图，其中 Track01 和 Track02 的最长空间基线分别为 196 m（干涉对 20171011_20180103）和 263 m（干涉对 20150408_20150725）；最短空间基线分别为 2 m（干涉对 20161227_20170213）和 1 m（干涉对 20170702_20170714）。差分干涉处理中，为保持影像原始分辨率，未进行多视处理。采用振幅离差指数 D_A<0.2 作为相干像元选取阈值，且去除 γ <0.7 的网边；同时，仅对连接边数大于 10 的像元相位进行相位重构；最终，利用数值搜索法求解扩展 PSI 模型中的三个未知参数（Crosetto et al., 2010，2016）。

4.4.4 扩展 PSI 变形结果

地形残差是差分干涉处理中去除地形相位时使用的 DEM 与实际地形的差异（Perissin and Rocca, 2006）。桥梁一般用于跨越宽阔水域，SRTM3 DEM 中水域的高程一般为 0m，桥梁结构散射体本身的高度相差较大，导致干涉信号中含有地形残差。图 4.14 展示了 Track01 和 Track02 数据集分离出的桥梁结构地形残差和它

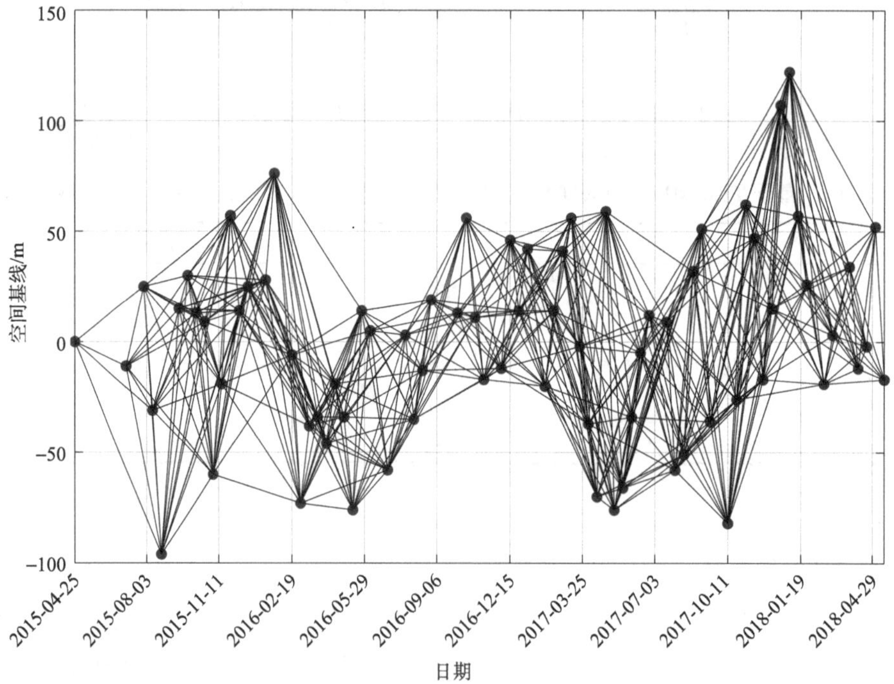

(a) Track01

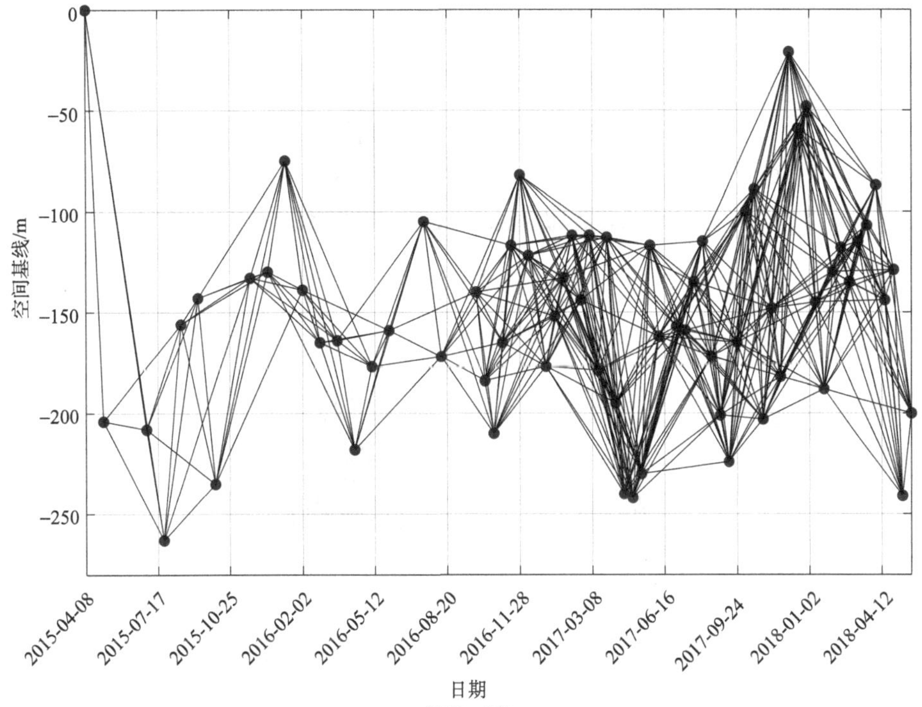

(b) Track02

图 4.13　Sentinel-1 数据集的干涉时空基线分布图

们的统计图，从中可以清楚地看出大胜关长江大桥两个聚集的拱形结构。两个 SAR 数据集获取的地形残差统计结果相似，均由服从均匀分布和正态分布的两个分布组成，其中前者为桥拱的地形残差，后者为桥面的地形残差。

为真实反映桥面主体的结构变形，这里利用地形残差的统计特性，将桥梁的上部结构（桥拱）去除。为此，根据残差统计结果，仅选取高程残差在−10～+10m 的像元点代表桥面的变形，并将 LOS 向变形转化到桥梁纵轴线向。

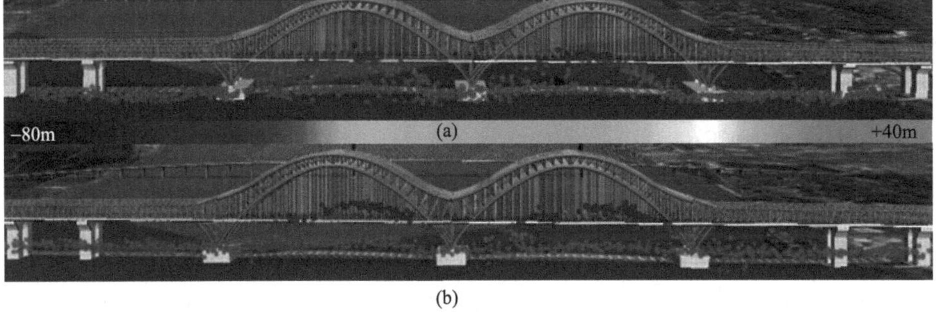

(b)

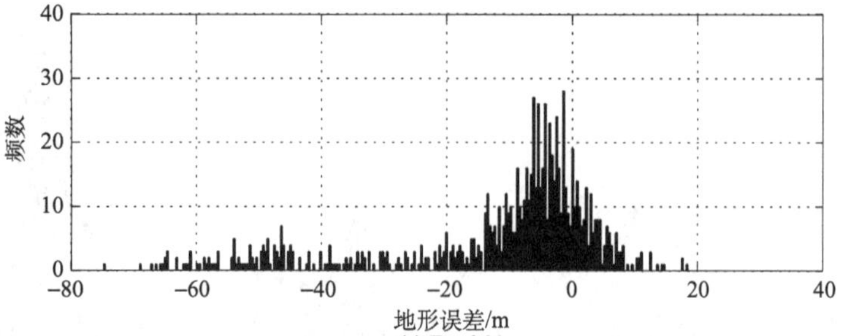

(c) Track01

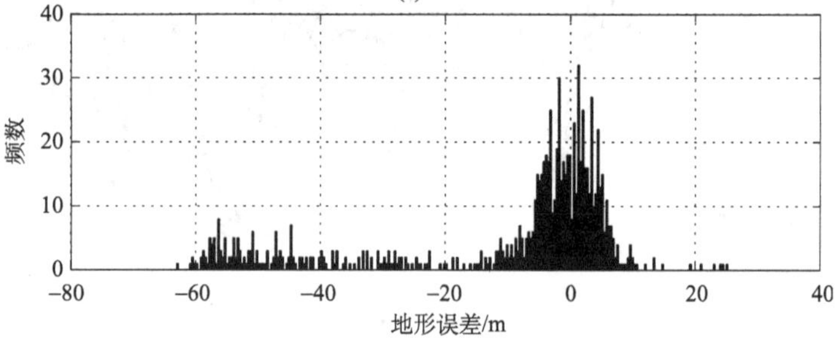

(d) Track02

图 4.14　Track01 和 Track 02 数据集分离出的桥梁结构地形残差及其统计图

图 4.15 显示了 Track01 和 Track02 数据集分离出的桥面点 LOS 向的热膨胀系数分布。图 4.16 为对应的热膨胀系数在桥梁横向平均后的结果。图 4.17 为 Track01 和 Track 02 数据集分离出的 LOS 向线性变形速率。表 4.6 详细显示了提取的热膨胀参数结果。

从扩展 PSI 法解算结果可以看出：

（1）大胜关长江大桥桥面上提取了高密度、分布均匀的 PS 点，Track01 和 Track02 数据集分别提取了 903 个和 942 个。这些 PS 点主要是桥梁的桁架结构、桥面无砟轨道等强反射目标。这些目标具有非常好的散射特性，相干性保持较好，且受雷达入射角的影响较小。

表 4.6　大胜关长江大桥的纵向热膨胀参数

指标	Track 01	Track 02
PS/像元个数	903	942
$d_{LOS,Max}$ /（mm/°C）	3.06	2.31
$d_{LOS,Min}$ /（mm/°C）	−2.88	−2.00
$d_{LOS,total}$ /（mm/°C）	5.94	4.31
$d_{L,total}$ /（mm/°C）	14.33	14.24
热膨胀系数（CTE）/°C	11.26×10^{-6}	11.19×10^{-6}

(a) Track01

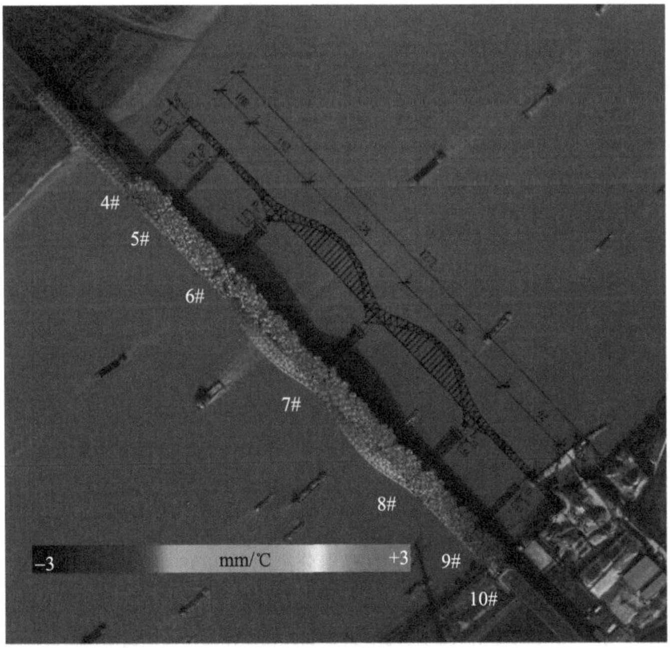

(b) Track02

图 4.15　LOS 向热膨胀系数与 Google 地图的叠加

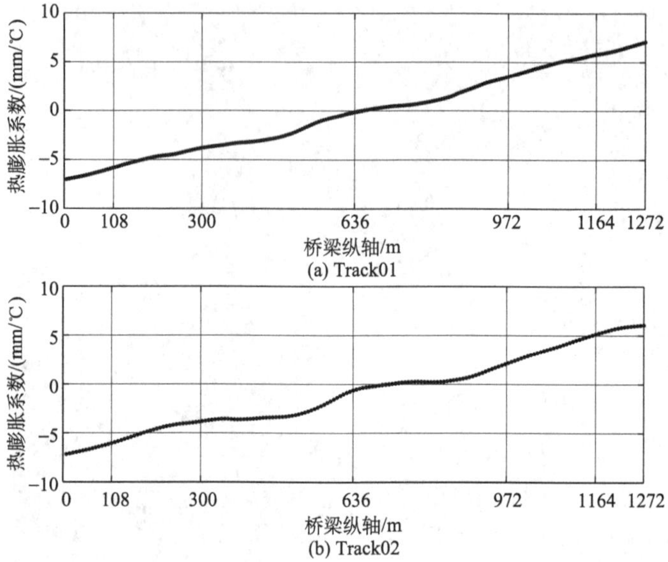

图 4.16　对应热膨胀系数在桥梁横向平均后的结果

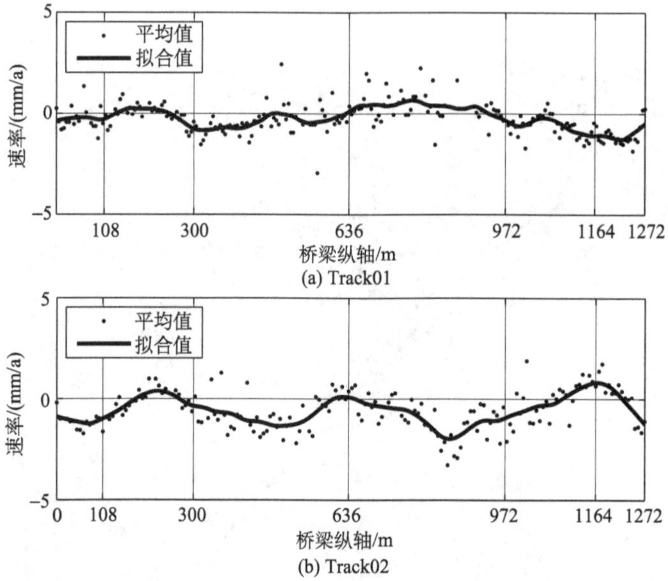

图 4.17　Track01 和 Track02 数据集分离出的 LOS 向线性变形速率

（2）Track01 和 Track02 数据集分离出的热膨胀参数一致；桥梁两端的热膨胀系数大小相等，符号相反，且热膨胀系数的大小向桥梁中部越来越小，这与桥梁中部的 7#支座为固定支座的结构特点吻合。为验证 PSI 监测结果的正确性，将其在活动支座 4#、5#、6#、8#、9#、10#处的热膨胀系数与现场位移传感器监测的结果进行对比（Ding et al., 2015），如图 4.18 所示，两者的标准差均小于 0.25mm/°C。

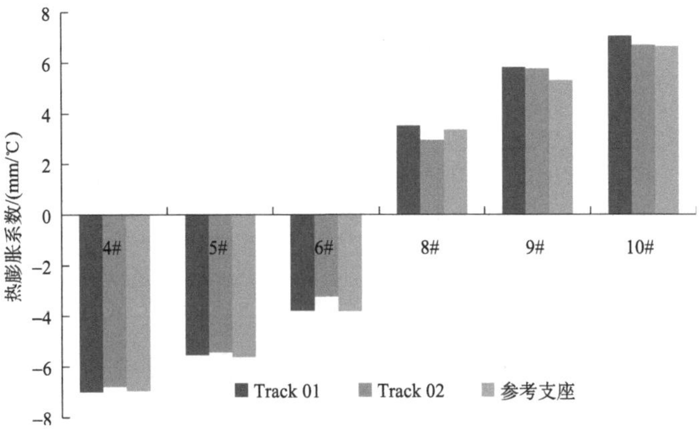

图 4.18　Track01、Track02 和现场监测的活动支座处热膨胀系数

（3）Track01 和 Track02 数据集获取的桥梁纵轴线向线性变形速率均小于 2 mm/a，且两个数据集解算的结果并未发现相关性，因此认为监测期间大桥未发生线性变形。然而，桥梁总体的 LOS 向热膨胀系数分别达到 5.94 mm/°C（Track01）和 4.31 mm/°C（Track02），也就是说，当温差达到 30°C 时，桥梁两端的变形将达到 130 mm，远远大于监测期间的线性变形。因此，认为热膨胀主导了该桥梁的变形，而 PSI 解算的线性速率可看成系统的模型误差。

（4）从表 4.6 中 Track01 和 Track02 数据集解算的热膨胀参数可以看出，两个数据集计算的纵轴线向总热膨胀系数（$d_{\mathrm{L,total}}$）之差仅为 0.09 mm/°C，这相当于当温差变化 30°C 时，两个数据集计算的变形互差仅为 2.7 mm，进一步说明 PSI 变形监测的精度之高。

（5）基于热膨胀系数和桥梁长度（1272 m），Track01 和 Track02 数据集计算的 CTE 分别为 11.26×10^{-6}℃和 11.19×10^{-6}℃；而该桥梁的主桁为 Q420qE 材料，其 CTE 为 13.0×10^{-6}℃，这与 PSI 计算的结果差值分别为 1.74×10^{-6}℃和 1.81×10^{-6}℃，相对误差为 13%和 14%，可见 PSI 结果与桥梁结构的材料特性非常吻合。

4.4.5　桥梁健康诊断

假定大胜关长江大桥在 $G1$ 数据集成像期间桥梁处于健康状态，并通过 $G1$ 数据集建立了全桥的变形模型，这里利用 Track01 和 Track02 的 $G2$ 数据集独立对大桥的健康状态进行诊断。

为确定大桥变形模型的精度，将模型计算的变形与时间序列变形监测值求差，如图 4.19 所示，并利用该差值得到 Track01 和 Track02 数据集建立的变形模型精度，其标准差分别为 5.9 mm 和 6.2 mm。

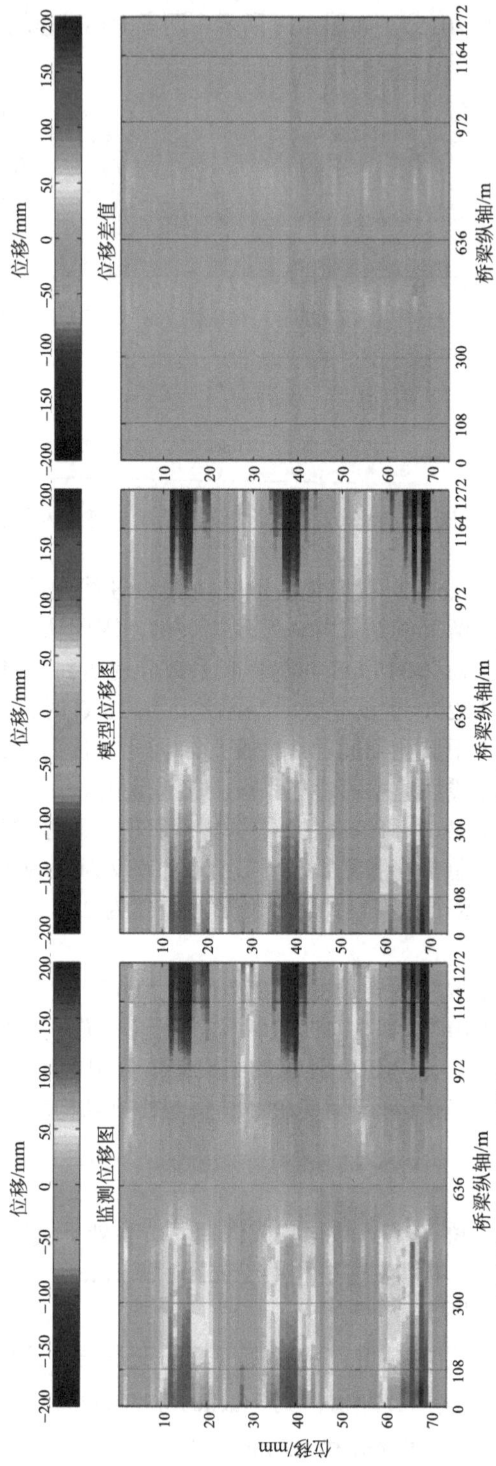

(a) 变形时空分布PSI计算值　(b) 变形时空分布模型计算值　(c) 两者之差

图 4.19　大桥变形时空分布 PSI 计算值、大桥变形时空分布模型计算值及两者之差

图 4.20 展示了利用全桥健康监测法对大桥变形进行诊断的过程，分别代表 SAR 成像日期为 20180503、20180515、20180428 和 20180510 的健康状态。图中标注“(a)”的表示解缠后的相位图，标注“(b)”的表示桥梁纵轴线向变形监测值，标注“(c)”的表示桥梁纵轴线向变形模型计算值，标注“(d)”的表示监测值和模型计算值之差。值得注意的是，由于大桥区域相对较小，相位解缠中忽略

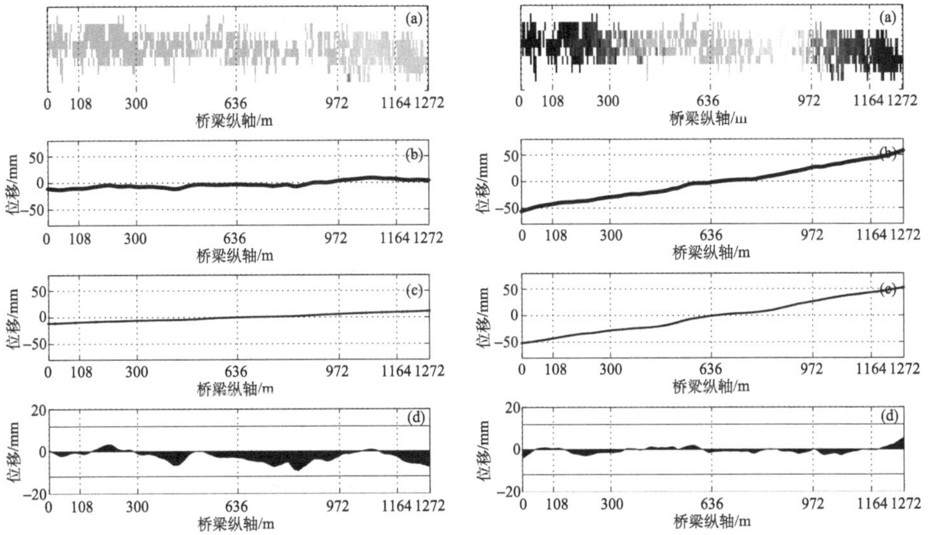

(Ⅰ) Track 01:干涉对20180421_20180503(左)和20180503_20180515(右)

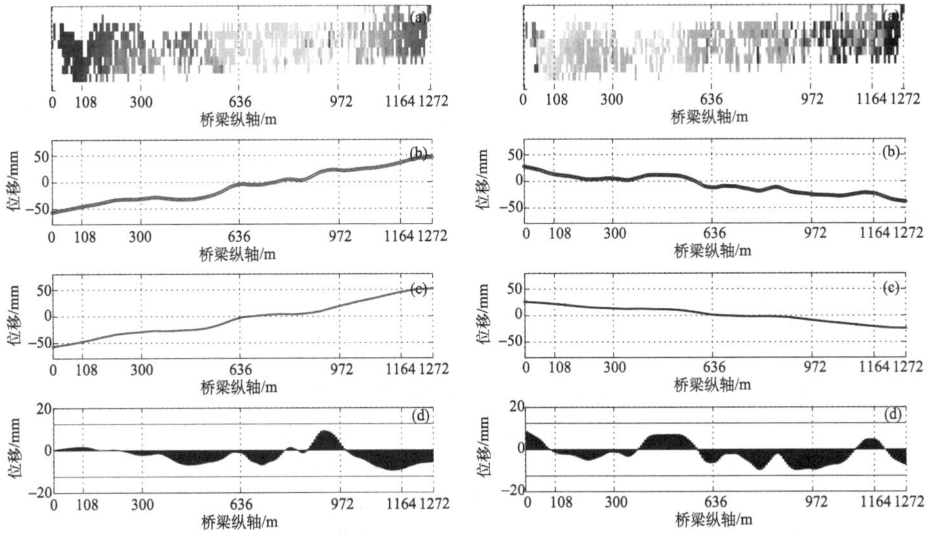

(Ⅱ) Track 02:干涉对20180416_20180428(左)和20180428_20180510(右)

图 4.20　基于全桥健康监测法对大桥变形进行诊断的过程

了大气不一致的影响，且解缠的像元点中去除了桥拱部分，即去除了地形残差相位。考虑两次模型的绝对平均误差（Track01 为 2×5.9 mm= 11.8 mm，Track02 为 2×6.2 mm = 12.4 mm），分别绘制为±11.8 mm 和±12.4 mm 的上控制线和下控制线，如“（d）”中的两条细线所示。从中可以看出，仅有部分位置出现较大的偏差，如干涉对 20180416_20180428 和 20180428_20180510，但整个桥梁的变形误差均在控制线之内，说明该桥梁在 *G*2 成像期间未发生异常变形，桥梁变形处于健康状态。

4.5 小　　结

本章基于 Sentinel-1A 雷达影像，建立了适用于大跨桥梁纵向位移监测的 InSAR 时间序列分析法，实现了京沪高铁南京大胜关长江大桥纵向位移的长期监测。可以看出：

（1）星载 SAR 铁路桥梁具有良好的反射信号，长时间相干目标保持好，InSAR 时间序列分析法可以实现大跨铁路桥梁全桥纵向位移的连续监测。

（2）InSAR 时间序列分析法识别的桥梁纵向位移具有较高的精度，南京大胜关长江大桥研究结果显示，纵向位移与结构温度的相关性模型与该桥支座位移传感器结果吻合。

（3）通过 InSAR 建立了大胜关长江大桥的变形模型，并基于该模型，利用假设检验的方法，可对全桥变形的健康状态进行监测。

参 考 文 献

丁幼亮, 周凯, 王高新, 等. 2014. 苏通大桥斜拉桥伸缩缝位移的长期监测与分析. 公路交通科技, 31(7): 60-64, 71.

林珲, 陈富龙, 江利明, 等. 2010. 多基线差分雷达干涉测量的大型人工线状地物形变监测. 地球信息科学学报, 12(5): 718-725.

岳青, 吴来义, 朱利明, 等. 2015. 高速铁路大跨度桥梁运营监测系统研究. 铁道建筑, (12): 1-6.

Crosetto M, Monserrat O, Cuevas M, et al. 2011. Spaceborne differential SAR interferometry: Data analysis tools for deformation measurement. Remote Sensing, 3(12): 305-318.

Crosetto M, Monserrat O, Cuevas-González M, et al. 2016. Persistent scatterer interferometry: A review. ISPRS Journal of Photogrammetry and Remote Sensing, 115: 78-89.

Crosetto M, Monserrat O, Iglesias R, et al. 2010. Persistent scatterer interferometry: Potential, limits and initial C- and X-band comparison. Photogrammetric Engineering and Remote Sensing, 76(9SI): 1061-1069.

Cuevas M, Monserrat O, Crosetto M, et al. 2011. A new product from persistent scatterer interferometry: The thermal dilation maps. Proceedings of JURSE, Joint Urban Remote Sensing Event, Munich.

de Battista N, Westgate R, Koo K Y, et al. 2011. Wireless monitoring of the longitudinal displacement of the Tamar Suspension Bridge deck under changing environmental conditions. Proceedings of SPIE-The International Society for Optical Engineering, Bellingham.

Ding Y, Wang G, Sun P, et al. 2015. Long-term structural health monitoring system for a high-speed railway bridge structure. Scientific World Journal, 28: 33-49.

Ferretti A, Prati C, Rocca F. 2001. Permanent scatterers in SAR interferometry. IEEE Transactions on Geoscience and Remote Sensing, 39(1): 8-20.

Fornaro G, Reale D, Verde S. 2013. Bridge thermal dilation monitoring with millimeter sensitivity via multidimensional SAR imaging. IEEE Geoscience and Remote Sensing Letters, 10(4): 677-681.

Goel K, Gonzalez F R, Adam N, et al. 2014. Thermal dilation monitoring of complex urban infrastructure using high resolution SAR data.2014 IEEE International Geoscience and Remote Sensing Symposium, Quebec City.

Huang Q H, Crosetto M, Monserrat O, et al. 2017a. Monitoring and evaluation of a long-span raiway bridge using Sentinel-1 data. ISPRS Annals of Photogrammetry, Remote Sensing and Spatial Information Sciences, IV-2/W4: 457-463.

Huang Q H, Crosetto M, Monserrat O, et al. 2017b. Displacement monitoring and modelling of a high-speed railway bridge using C-band Sentinel-1 data. ISPRS Journal of Photogrammetry and Remote Sensing, 128: 204-211.

Huang Q H, Monserrat O, Crosetto M, et al. 2018. Displacement monitoring and health evaluation of two bridges using sentinel-1 SAR images.Remote Sensing, 10(11): 1-18.

Lazecky M, Hlavacova I, Bakon M, et al. 2016. Bridge displacements monitoring using space-borne X-band SAR interferometry. IEEE Journal of Selected Topics in Applied Earth Observations and Remote Sensing, 10(1): 205-210.

Li A Q, Ding Y L, Wang H, et al. 2012. Analysis and assessment of bridge health monitoring mass data-progress in research/development of "Structural Health Monitoring". Science China Technological Sciences, 55(8): 2212-2224.

Monserrat O, Crosetto M, Cuevas M, et al. 2011. The thermal expansion component of persistent scatterer interferometry observations. IEEE Geoscience and Remote Sensing Letters, 8(5): 864-868.

Perissin D, Rocca F. 2006. High-accuracy urban DEM using permanent scatterers. IEEE Transactions on Geoscience and Remote Sensing, 44(112): 3338-3347.

Rabus B, Eineder M, Roth A, et al. 2003. The shuttle radar topography mission—A new class of digital elevation models acquired by spaceborne radar. ISPRS Journal of Photogrammetry and Remote Sensing, 57(4): 241-262.

Reale D, Fornaro G, Pauciullo A. 2013. Extension of 4-D SAR imaging to the monitoring of thermally dilating scatterers. IEEE Transactions on Geoscience and Remote Sensing, 51(12):

5296-5306.

Wang G, Ding Y, Song Y, et al. 2016. Detection and location of the degraded bearings based on monitoring the longitudinal expansion performance of the main girder of the Dashengguan Yangtze Bridge. Journal of Performance of Constructed Facilities, 30(4): 61-70.

Webb G T, Vardanega P J, Fidler P R A, et al. 2014. Analysis of structural health monitoring data from hammersmith flyover. Journal of Bridge Engineering, 19(6): 213-226.

Zhou K. 2015. Research on state evaluation and early warning method of bridge structure based on monitoring data. Nanjing: Southeast University.

第 5 章　地基雷达干涉变形监测应用研究

基于星载平台的 SAR 干涉技术，由于受雷达视角、失相干和大气延迟的限制，在应用中具有一定局限性：①时空失相干致使干涉相位质量差，降低变形监测的可靠性；②受卫星重访周期限制，难以满足边坡变形监测时间分辨率的要求；③星载 SAR 容易形成图像阴影；④星载 SAR 视角固定，且仅对雷达 LOS 向变形敏感，导致部分变形无法被监测到；⑤大气延迟误差影响严重，特别是高差大的山区，山顶和山脚大气环境相差很大（Touzi and Lopes, 1996）。

地基雷达通过接收变形体发射并返回的雷达波遥测信号，获取监测区域二维影像，通过合成孔径技术和 SF-CW 技术实现雷达影像方位向和距离向的高空间分辨率，通过干涉技术实现优于毫米级的微变形监测（王鹏和周校，2012）。地基 InSAR 变形监测具有局域性、全天时、全天候、定点连续以及良好的灵活性和可操作性等优点，克服了星载 SAR 影像受时空失相干严重和时空分辨率低的缺点，具有极为广泛的应用前景（Monserrat, 2012；Takahashi et al., 2013）。

本章基于 IBIS 地基雷达系统，设计精度测试实验，研究其变形监测的精度；同时考虑信号静杂波对变形监测精度的影响，研究 IBIS 系统静杂波及其去除方法；针对地基雷达数据量大、相干性较好等特点，研究海量地基雷达影像的相干性分析与相干目标选取；针对局部大气不一致对变形精度的影响，研究一种大气延迟相位校正方法；最后，研究 IBIS 系统在建筑物振动和变形监测方面的应用。

5.1　IBIS 系统监测精度研究

IBIS 系统是国内引进的主要地基 SAR 系统。本节通过设计实验，对 IBIS 系统变形监测的精度进行研究验证。

实验利用可移动的安装有游标卡尺的角反射器进行 IBIS-S 系统的变形监测精度的验证和分析。实验过程中，一人专门负责按照预先设计好的实验方案移动角反射器，从而模拟出变形过程。利用 IBIS-S 系统完成模拟变形监测后，把实验数据反映的变形趋势跟预先设计好的实验方案的模拟变形过程进行对比分析。

实验中把可移动的安装有游标卡尺的角反射器作为模拟变形体，角反射器采用的游标卡尺的读数精度可以达到 0.05mm。IBIS-S 系统变形监测精度实验设计了 5.0mm、1.0mm、0.5mm、0.1mm 四种模拟变形方案，如表 5.1 所示。实验过程中，一人专门负责按照实验方案的模拟变形值移动角反射器，移动预设值后角反射器停留 60s，然后再继续移动。先是靠近 IBIS-S 系统的方向移动 5 次，然后按照同样的方法向远离 IBIS-S 系统的方向移动 5 次，返回到原来的位置。为了捕捉模拟变形的完整过程，IBIS-S 系统在角反射器开始移动之前就开始对它进行动态观测。

表 5.1　IBIS-S 系统与可量测角反射器变形精度对比实验方案设计

方案	模拟变形值/mm	单次停留时间/s	往返次数	采样总时间/s
1	5.0	60	5	608
2	1.0	60	5	592
3	0.5	60	5	597
4	0.1	60	5	596

IBIS-S 系统观测参考角反射器和模拟变形角反射器捕捉到的变形趋势如图 5.1 所示。由该图可以发现，当模拟变形值为 5.0mm、1.0mm 和 0.5mm 时，测量变形值和方案设计的模拟变形移动值吻合；而移动值为 0.1mm 时，很难从测量结果中清楚地看到模拟角反射器的移动过程，仅仅能够大概反映出模拟角反射器的来回移动趋势。但是利用步进电机平台进行 IBIS-S 系统的变形监测精度的实验已经验证了 0.1mm 的变形可以被 IBIS-S 系统很准确地捕捉到。同时，仔细观察各个方案的变形时间序列图发现，当人工移动角反射器停止后，模拟角反射器的变形值依然有明显的波动，这个波动的范围达到了 0.1mm。出现上述两种情况的原

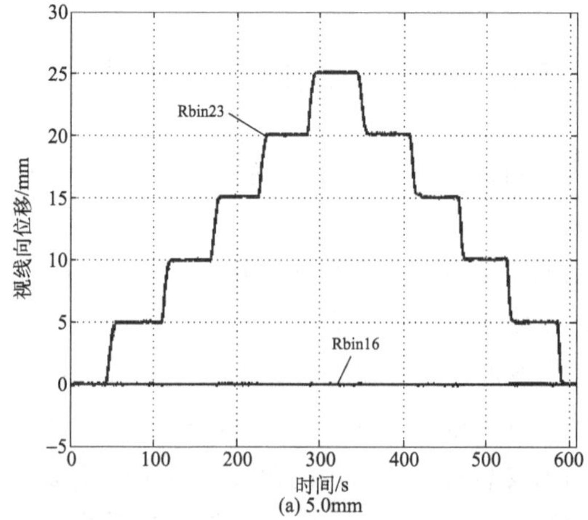

(a) 5.0mm

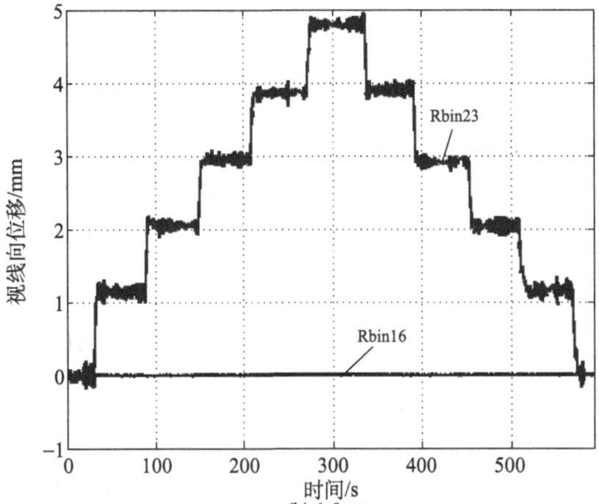

(b) 1.0mm

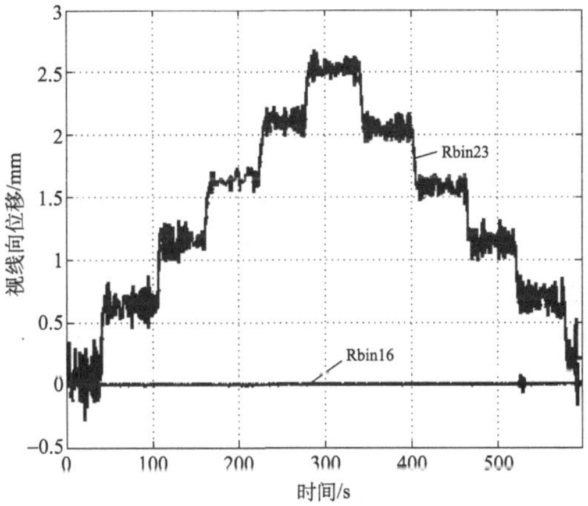

(c) 0.5mm

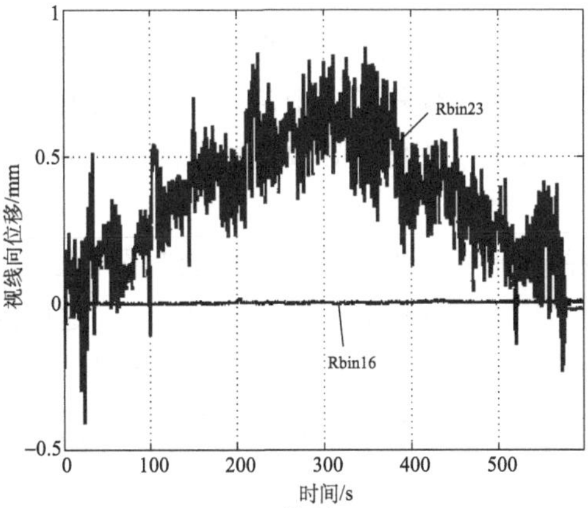

(d) 0.1mm

图 5.1　IBIS-S 系统观测参考角反射器和模拟变形角反射器捕捉到的变形趋势

因除了实验中环境扰动对实验数据的影响，最重要的一个原因是人工移动角反射器。实验过程中，通过人眼观测游标卡尺来移动角反射器，因此当移动值为 0.1mm 时，很难在短时间内移动得那么准确，而且角反射器的条件有限，所以移动角反射器后不能避免角反射器轻微的抖动。在多次实验过程中还发现，移动角反射器的人也同样影响角反射器的回波信号，甚至衣服的材质也有影响。这些实验条件的局限性导致了实验结果没有预期的那么理想，但是参考角反射器的变形均值反映了实验过程中的环境扰动的影响，通过中误差反映了 IBIS-S 系统进行变形监测任务的稳定性。

5.2　IBIS 系统信号静杂波研究

5.2.1　静杂波相位分量

地基雷达进行变形监测通常选择观测目标上回波信号强的分辨单元来进行数据处理和分析，然后实现对整个变形体变形情况的评价（Gentile, 2010）。对于变形体来说，在一个分辨单元内很有可能有多个独立的强散射体，这些强散射体都会产生回波信号并被雷达接收机接收，此时雷达接收机探测到的实际上是一个分辨单元内多个相互独立的散射体的回波复矢量信号的矢量叠加(陈强等,2006)。

假设 P_1、P_2 和 P_3 是在同一个分辨单元内的相互独立的散射体，其中 P_1 是待监测的变形体，P_2 和 P_3 相对静止。那么在某一个采样时刻，地基雷达获取的该分辨单元的相位信息其实是这三个相互独立散射体的相位复矢量的矢量叠加。默认 P_1 的相位复矢量信息的信号中包含了来自 P_2 和 P_3 的后向散射信号，导致 P_1 的相位复矢量偏移了一个常矢量，也就是 P_2 和 P_3 的矢量和，如图 5.2（a）所示。之后的各个采样时刻采集的该监测目标的矢量信号都会受这个常矢量的影响。这就使得矢量信号在极坐标中的位置整体偏移了一个常矢量，最终变形目标的回波信号的强度和相位在极坐标中都发生了变化，导致这种相位复矢量信息变化的常矢量称为静杂波相位分量。

地基雷达对监测的变形目标进行长时间的连续采样之后，每个分辨单元的相位复矢量信号会在极坐标中形成一系列离散点的集合，这些离散点的变化轨迹包含了观测变形目标的形变信息，可以通过对相位复矢量信号在极坐标中的离散点拟合圆曲线来估计静杂波，也就是极坐标中拟合圆曲线圆心和极坐标系原点之间的常矢量，如图 5.2（b）所示。

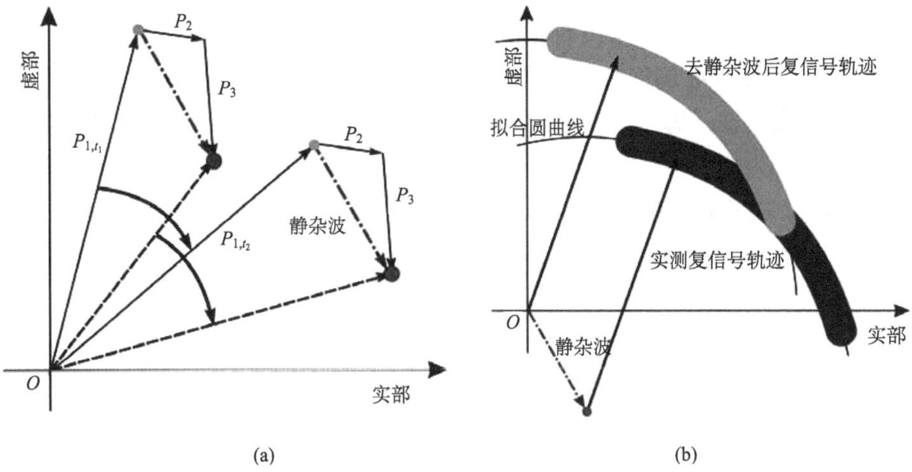

图 5.2　静杂波的形成原理图

理想情况下，来自变形散射体的回波信号相位复矢量在极坐标系中的一系列离散点的变化轨迹应该处在一个特殊的圆曲线上，该圆曲线原点是极坐标系的原点，半径则是目标散射体的回波信号强度。然而，在静杂波相位分量的影响下，各个时刻采样的相位复矢量都偏离了本来在极坐标系中的准确位置，使该圆曲线的中心点也偏离了极坐标系的原点。因此，可以对实际得到的在极坐标系中的相位复矢量末端集合形成的离散点进行拟合来估计出静杂波相位分量，也就是求出离散点的拟合圆曲线圆心和极坐标系原点之间的矢量。那么，静杂波相位分量的去除问题就变成极坐标系中一系列离散点的圆曲线拟合问题。

通常对一系列二维离散点进行圆曲线拟合时，可以根据实际情况选用不同的算法，虽然这类算法的种类很多，但是不同算法的计算效率、精度和稳定性有比较大的差异。比如，几何拟合法通常是把离散点到圆曲线的几何距离最小作为拟合准则，这种方法的精度比较高，但是因为需要进行迭代计算容易受到粗差的影响。代数拟合法通常是把一系列离散点到圆曲线的代数距离最小作为拟合准则，这种方法能够快速计算，但是精度比较差。通常使用的一维地基干涉雷达系统 IBIS-S 的稳定性很高，而且在比较短的数据采集过程中设备引起的热噪声也非常有限。因此，可以利用最小二乘迭代的方法来精确地估计出拟合曲线参数，也就能估计出静杂波相位分量。

5.2.2　静杂波对变形相位的影响实验

为了验证 IBIS-S 系统静杂波相位分量对变形目标数据结果的影响，利用

IBIS-S 系统和安装有游标卡尺的可移动角反射器进行实验，如图 5.3 所示。一个角反射器直接放在离 IBIS-S 系统大约 7.4m 的位置上作为参考点静止不动，另一个角反射器安装在三脚架上安置在离地基雷达系统 IBIS-S 大约 10.9m 的位置，将该角反射器作为模拟变形目标，按照事先设计好的实验方案利用游标卡尺来精确移动变形量。实验开始后利用游标卡尺精确地向靠近雷达的方向移动 5mm，停留 60s 后继续在该方向移动，重复 5 次以后向远离雷达方向移动，再按照同样的方法移动 5 次，然后停止实验。

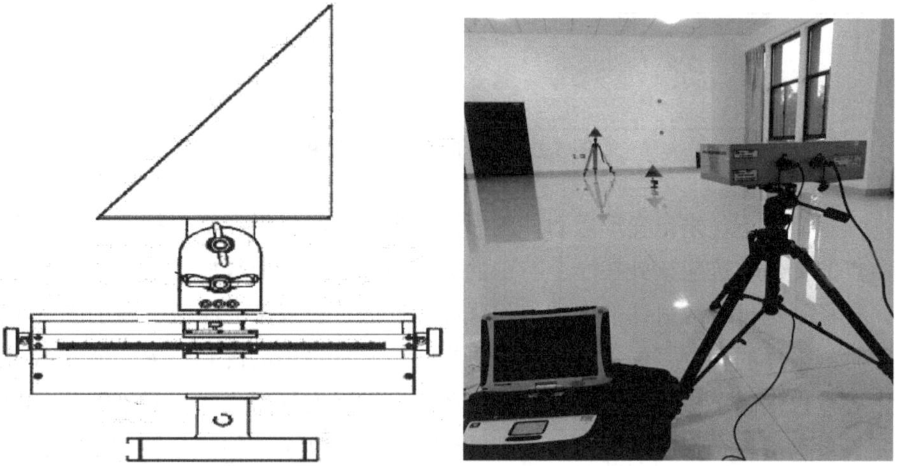

(a) 可移动的角反射器示意图　　(b)实验场景图

图 5.3　可移动的角反射器示意图及实验场景图

将实验获取的角反射器模拟变形所在的分辨单元相位复矢量绘制在极坐标系中，静杂波相位分量去除处理之前的相位复矢量末端的离散点的轨迹如图 5.4（a）所示。可以看到采样的相位复矢量数据的分布是一个圆曲线，但是这个圆曲线的中心点与极坐标系的原点有着非常明显的偏差。经过静杂波相位分量的去除处理以后，获得相位复矢量数据在极坐标系中的分布如图 5.4（b）所示。

角反射器变形趋势图如图 5.5 所示。从图中不难发现 IBIS-S 系统捕捉的角反射器的变形趋势跟预先设计好的实验方案相似，但是在每一次移动量的大小上有些偏差，这是因为静杂波相位分量引起了角反射器变形的时间序列特征发生变化。通过比较静杂波去除处理前后的角反射器变形趋势图可以看出，未经静杂波相位分量的去除处理，角反射器的变形趋势有一些异常，没有精确地反映实验设计方案的变形趋势。经过静杂波相位分量的去除处理后，得到的角反射器变形趋势图

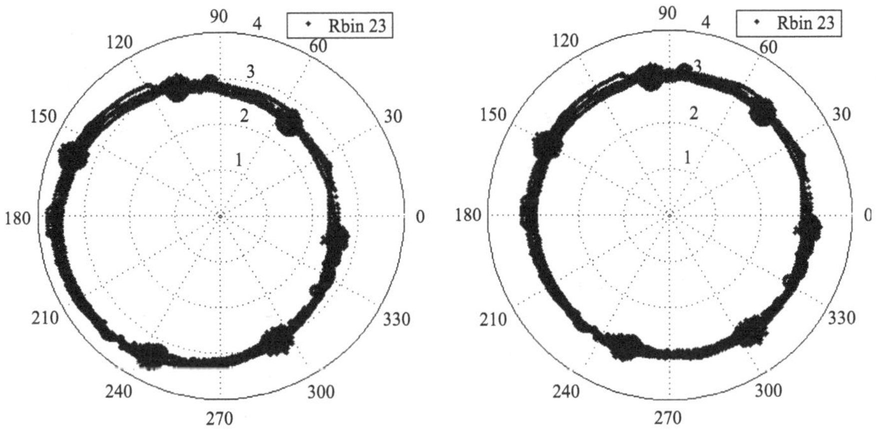

(a) 静杂波去除前　　　　(b) 静杂波去除后

图 5.4　静杂波去除前后相位复矢量数据分布图

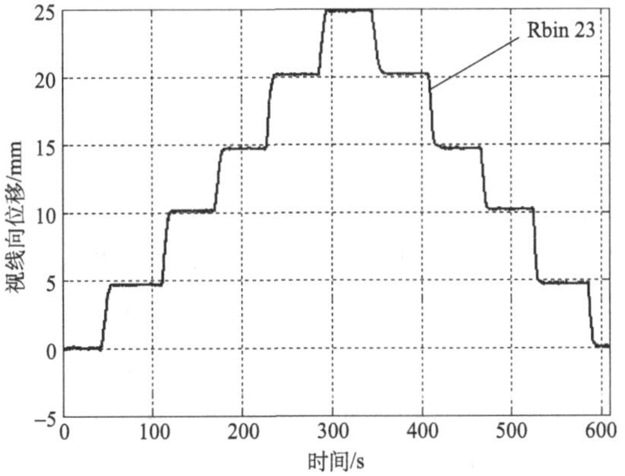

(a) 静杂波相位分量去除前

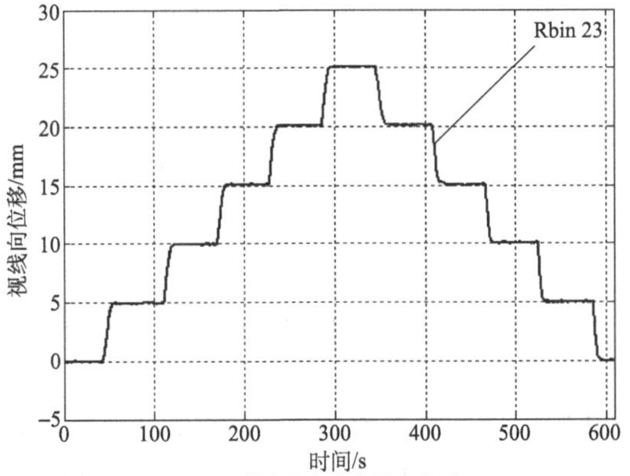

(b) 静杂波相位分量去除后

图 5.5　静杂波相位分量去除前后角反射器变形趋势图

和预先设计的实验方案符合得非常好。静杂波去除前后模拟变形监测的相对误差如表 5.2 所示。由表可知静杂波去除处理后更接近实验设计的模拟变形值，相对误差明显变小。静杂波去除处理之前最大的相对误差达到了 6.7%，处理之后相对误差下降到 0.7%。说明 IBIS-S 系统变形监测回波信号明显受到了静杂波的影响，经过静杂波去除处理之后，变形监测数据可靠性有很大的提高。

表 5.2 静杂波去除前后模拟变形监测的相对误差

模拟变形值/mm	静杂波去除前/mm	去除前相对误差/%	静杂波去除后/mm	去除后相对误差/%
5	4.665	6.7	4.967	0.7
10	10.109	1.1	9.969	0.3
15	14.700	2.0	15.097	0.7
20	20.159	0.8	20.099	0.5
25	24.755	1.0	25.042	0.2
20	20.188	0.9	20.131	0.7
15	14.588	2.8	14.974	0.2
10	10.212	2.1	10.007	0.1
5	4.704	5.9	5.011	0.2

对某个通信塔环境振动测试提取的实验数据进行静杂波相位分量的去除处理，发现静杂波相位分量不仅能改变目标变形体的变形时间序列特征，还明显地影响了该变形体振动的频谱特征；通过静杂波相位分量的去除处理后，在 1.94Hz 处有了明显的峰值，充分说明了静杂波对变形体频谱特征的影响。

用一维地基干涉雷达 IBIS-S 系统观测变形体时，目标回波信号中的静杂波相位影响去除的实质，即极坐标系中一系列离散点的拟合圆曲线参数估计问题。静杂波不仅影响来自目标变形体的回波信号强度，还影响目标变形体的时间序列特征和频谱特征。因此实际应用 IBIS-S 系统进行变形监测任务时，应该根据实际情况进行分析，并做静杂波的去除处理，从而确保获取的监测数据的可靠性和高精度。

5.3 海量 SAR 影像相干目标提取研究

考虑到地基 SAR 时间序列影像数量多、干涉处理计算量大的特点，基于星载 SAR 相干目标多级探测思想，本书提出地基 SAR 相干目标双阈值提取法，该方法利用地基 SAR 干涉处理的相干系数进行相干目标初选，同时考虑地基 SAR 空间分辨率的不一致性，采用振幅离差指数法进一步对相干目标精选，进而从海量地基 SAR 影像中提取高相干像元（王艳等，2007；黄其欢等，2016a）。

5.3.1 相干系数阈值法初选

在连续观测模式中获取 $N+1$ 幅地基 SAR 影像，采用相邻干涉模式可获取 N 个干涉对，可计算得各干涉对的相干系数 γ_i，$i=1,2,\cdots,N$，N 个干涉对的相关系数均值 $\bar{\gamma}$ 为

$$\bar{\gamma}=\sum_{i=1}^{N}\gamma_i \tag{5.1}$$

阈值选取参考 3.3.2 节内容。

5.3.2 振幅离差指数阈值精选

在高信噪比像元上，振幅离差指数可用来衡量相位的噪声水平 σ_v，振幅离差指数法基于相位噪声和振幅离差指数的这种统计特性，在时间序列影像中求取每个像元的振幅均值 m_A 及标准差 σ_A，按式（5.2）可计算振幅离差指数 D_A：

$$D_A=\frac{\sigma_A}{m_A} \tag{5.2}$$

当振幅离差指数 D_A 小于给定的阈值 T_D 时，该像元即被选定为相干像元。振幅离差指数法仅利用地基 SAR 影像的振幅信息，计算简单，效率高，无分辨率损失，且大量的地基 SAR 影像正好满足振幅离差指数要求的干涉时间序列上的统计意义。另外，在计算振幅离差指数前，连续采集的地基 SAR 影像无须进行配准和统一的辐射校正，减少了数据处理步骤，从而大大减少计算工作量。

5.3.3 相干目标选取实验与分析

1. 研究区域

选取隔河岩水利工程变形监测区域采集的地基 SAR 影像进行相干目标选取实验，实验影像由 IBIS-L 系统的连续测量模式获取，参数见表 5.3。数据采集范围为方位向–45°～45°，共计获取地基 SAR 影像 1330 幅（Rödelsperger et al.，2010）。地基 SAR 原始影像经聚焦处理后，形成 2600（行）×401（列）的 SAR 影像，考虑到方位向分辨率与距离有关，需将原影像用极坐标表示。图 5.6 为获取的地基 SAR 能量图均值，其中白色方框区域为研究区域。

表 5.3　隔河岩地基 SAR 变形监测数据采集参数

参数名称	参数值及单位
天线增益/极化	20dB/VV
信号频段/波长	Ku/1.78cm
信号带宽	300M（1.705～1.735GHz）
步进频率	57.703kHz
合成孔径长度	2m
距离向/方位向分辨率	0.5m/4.4mrad
最大监测距离	1300m
单幅影像采集平均时长	5.38min

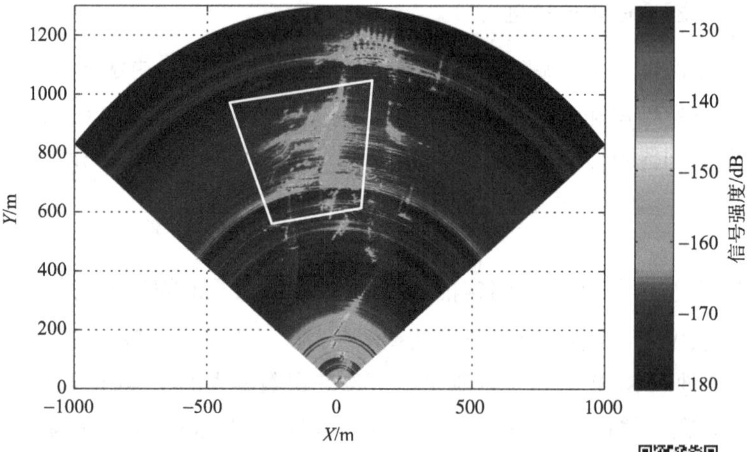

图 5.6　地基 SAR 能量图均值

2. 相干目标初选

考虑到相干系数窗口大小对相干性的影响，采用不同的窗口计算相干系数，图 5.7 显示了平均相干系数阈值 $T_{\bar{\gamma}}=0.3$ 时不同窗口大小获取的相干目标情况。从图 5.7（a）中可以看出，虽然相干系数阈值相对 Touzi 等（1999）所述的 0.15 已提高一倍，但水面和植被覆盖茂盛的区域仍然存在较多零星分布的相干目标，这说明较小窗口计算的相干目标可靠性低，不能有效去除水域和植被覆盖区域的失相干目标；图 5.7（b）的相干目标主要分布在边坡、堤坝、河流裸露岩石及建筑物区域，水域和大面积植被等失相干区域的像元去除效果良好，这说明较大窗口计算的相干系数可靠性高，但选取的相干目标呈块状分布，特别是边坡阶梯之间大量植被覆盖的带状区域也被错误地选择成相干目标。

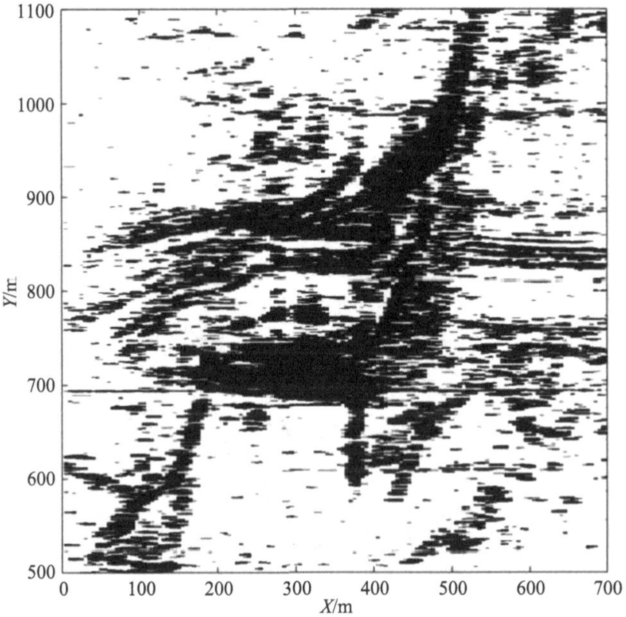

(a) 窗口大小3×3

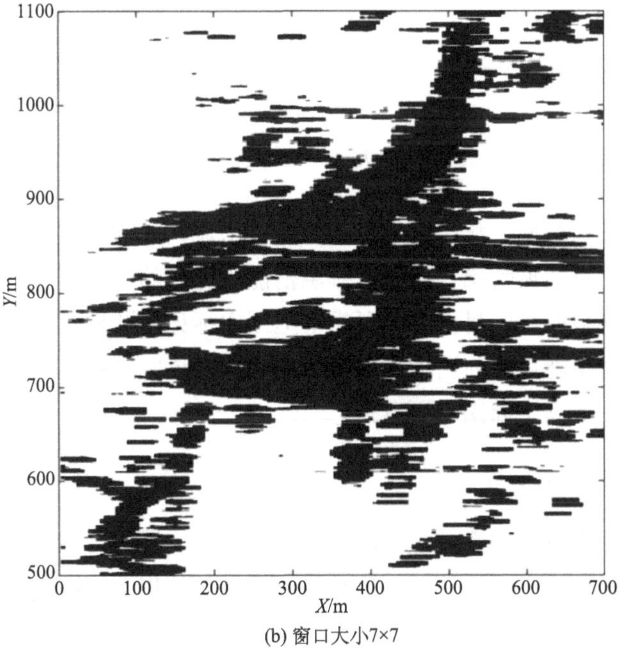

(b) 窗口大小7×7

图 5.7　平均相干系数阈值 $T_{\bar{\gamma}} = 0.3$ 时不同窗口大小获取的相干目标情况

3. 振幅离差指数精选

在相干系数阈值初选的基础上，利用 1330 幅影像计算各相干目标像元的振幅离差指数，设定阈值 $T_D = 0.25$ 进行相干目标精选，得到研究区域相干目标分布如图 5.8 所示。

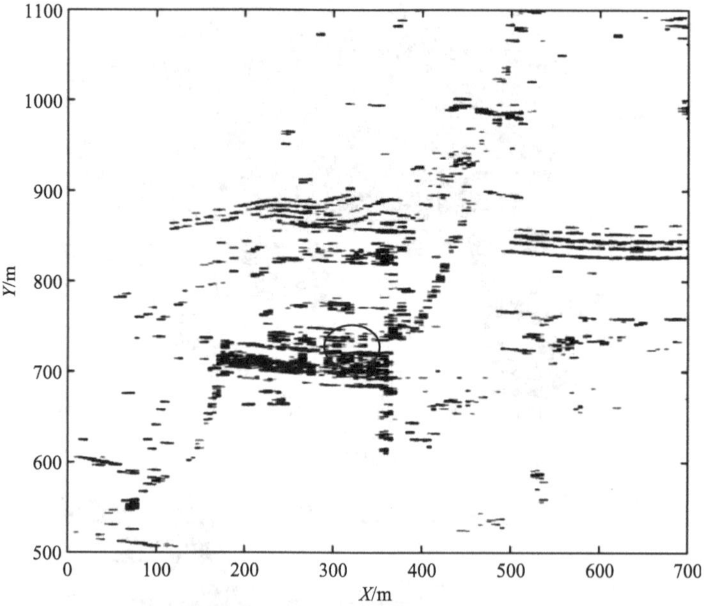

图 5.8　研究区域相干目标分布图

从图 5.8 可以看出，相干目标主要分布在水泥构成的建筑物、堤岸和裸露的岩石等区域，结合边坡阶梯、堤岸及排洪消能水泥墩的分布可以看出，两者一致性较好，证明选取的相干目标合理可靠。但图中标记的圆形区域是水轮发电机将重力势能转化为电能后不断由下向上涌动的水体，该区域被误选为相干目标，可能与此处水体明显高于周围水面有关。

4. 相干目标数量分析

研究区域相干目标的数量与平均相干系数阈值、振幅离散指数阈值及影像数量密切相关。图 5.9 为由研究区域 1330 幅影像得到的相干目标数量与平均相干系数及振幅离差指数之间的关系，从中可以看出，平均相干系数小于 0.30 时相干目标数量几乎不变，而随着平均相干系数的增加，相干目标数量急剧减少；随着振幅离散离差指数从 0.20 增加到 0.35，相干目标数量从 1500 个左右增加到 6000 个左右。因此，振幅离差指数是影响相干目标数量的关键因素。图 5.10 显示了 $T_D = 0.25$ 时相干目标数量与平均相干系数及地基 SAR 影像数量的关系。从图中可以看出，①相干目标数量随着平均相干系数及地基 SAR 影像数量的增加不断减少；②随着地基 SAR 影像数量的增加，相干目标数量逐渐减少，当地基 SAR 影像数量多于 600 幅时，相干目标数量趋于稳定；③在地基 SAR 影像数量多于 600 幅时，选取平均相干系数为 0.30～0.35 时，既可以保证相干目标的数量，也可以保证其质量。

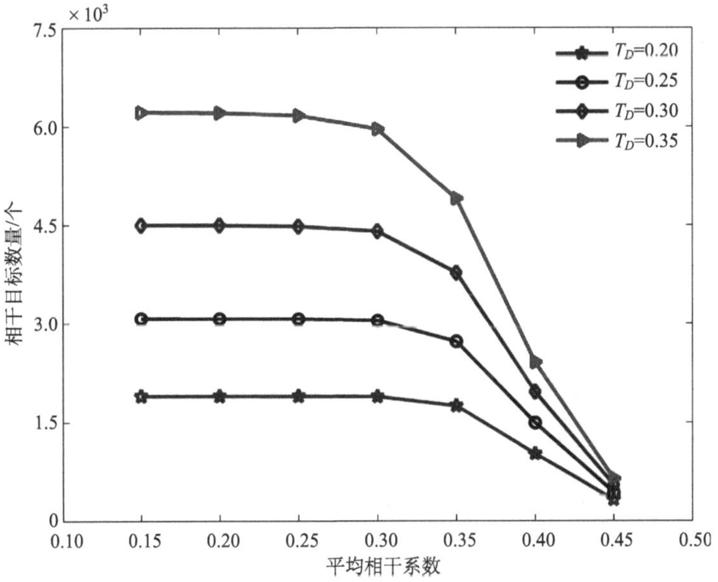

图 5.9　研究区域 1330 幅影像得到的相干目标数量与平均相干系数及振幅离差指数之间的关系

通过对隔河岩水利工程区域的 1330 幅地基 SAR 影像生成的时间序列干涉图进行相干目标提取实验，分析了相干目标数量与平均相干系数、振幅离差指数及地基 SAR 影像数量之间的关系，总结如下：

（1）选取适当窗口计算相干系数，利用平均相干系数阈值法可有效去除失相干严重的水域及植被覆盖区域，获取相干目标候选点，缩小相干目标搜索的范围。

（2）振幅离差指数阈值法基于单个像元的时间序列振幅信息进行统计分析，无空间分辨率损失，且不受领域噪声的干扰。

（3）隔河岩水利工程实验区域双阈值法提取的相干目标主要分布于边坡岩石、堤坝、发电厂及河滩裸露岩石，证明该方法提取的相干目标可靠。

（4）双阈值法分别利用平均相干系数阈值和振幅离差指数阈值进行初选和精选，计算量小，计算速度快。

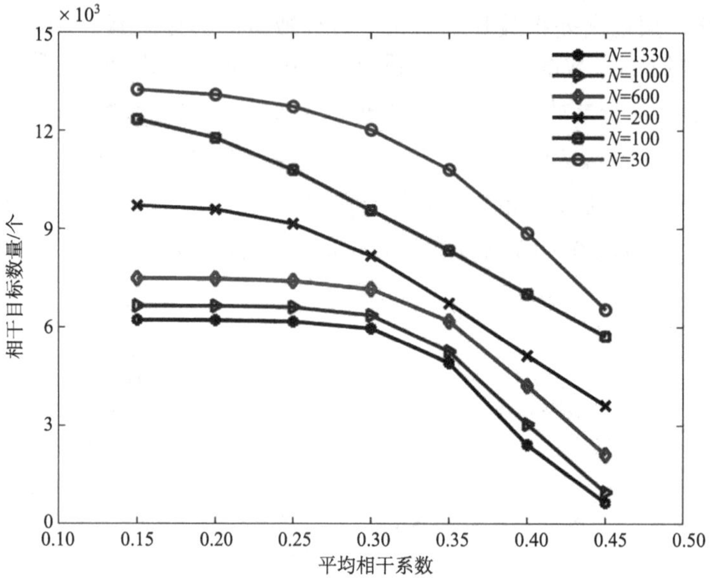

图 5.10　T_D=0.25 时相干目标数量与平均相干系数及地基 SAR 影像数量的关系

（5）相干目标数量与平均相干系数、地基 SAR 影像数量及振幅离差指数有关。相干目标数量随着振幅离差指数的增加成倍增加，随着地基 SAR 影像数量的增加而减少。在隔河岩实验中，当影像多于 600 幅后，地基 SAR 影像数量的增加对相干目标数量影响较小。

（6）地基 SAR 影像相干性较好，当平均相干系数小于 0.30 时，对相干目标数量几乎没有影响，随着平均相干系数的增加，相干目标数量急剧减小。

需要指出的是，振幅离差指数对地基 SAR 相干目标数量的选取影响很大，本章进行星载 SAR 相干目标选取时通常采用 0.25 的阈值进行计算，需要进一步研究地基 SAR 相位标准差、振幅离差指数与噪声标准差之间的统计特性，对振幅离差指数进行优化选取。

5.4　稳定点加权大气延迟相位校正研究

影响地基 SAR 干涉测量精度的主要因素包括系统频率不稳定、大气延迟、目标散射特性变化和噪声等，其中两幅地基 SAR 影像雷达 LOS 向的大气延迟是影响地基 SAR 干涉技术变形测量精度的主要因素。研究表明，20℃时，大气压强为 1013hPa，1000km 距离上 1%的相对湿度变化，对于 Ku 波段的雷达，可导致 2mm 的测量误差。因此，消除雷达 LOS 向的大气延迟是提高地基 SAR 干涉变形监测精度的关键（Iannini and Guarnieri，2011；黄其欢和岳建平，2015）。

大气延迟相位校正方法主要有气象数据补偿法和固定点法（黄其欢和岳建平，2017）。气象数据补偿法利用雷达传播路径上的温度、气压及相对湿度等大气参数信息，根据雷达信号大气传播特性，建立大气参数与大气折射指数的数学模型，从而计算大气延迟并予以校正。固定点法利用无形变的稳定点获取大气延迟量，建立雷达 LOS 向大气延迟与观测距离的关系，从而推算其他像元雷达 LOS 向大气延迟并予以消除。目前这两种方法均认为大气延迟特性在方位向上满足某种规律，仅用几个雷达 LOS 向大气延迟代表其他像元的大气延迟特性，未考虑大气延迟在方位向的扰动。

5.4.1　稳定点加权校正法

对于地基 SAR 而言，观测区域较小，采集时间为几秒到几分钟，认为大气介质的空间分布是均匀的，大气折射指数 $n(r,t)$ 只与时间有关，不考虑折射，仅考虑几何距离 $r_{\text{Geo}}(i,j)$ 上的大气延迟影响，并将系统频率不稳定、目标散射特性变化等影响因素归为观测噪声 $\varphi_{\text{Noise}}^{t}(i,j)$，则

$$\varphi^{t}(i,j)=\frac{4\pi r_{\text{Geo}}(i,j)}{\lambda}n(t)+\varphi_{\text{Noise}}^{t}(i,j) \tag{5.3}$$

考虑相对参考时刻 t_0 的变形相位 $\varphi_{\text{Def}}^{t}(i,j)$，式（5.3）改写为

$$\varphi^{t}(i,j)=\frac{4\pi r_{\text{Geo}}(i,j)}{\lambda}\left[1+\Delta n(t)\right]+\varphi_{\text{Def}}^{t}(i,j)+\varphi_{\text{Noise}}^{t}(i,j) \tag{5.4}$$

式中，$\Delta n(t)$ 为大气折射指数差。若采用连续观测模式，即保持地基 SAR 不动，$r_{\text{Geo}}(i,j)$ 保持不变，则在不同时刻 p 、q（$p<q$）采集的地基 SAR 影像的干涉相位表示为

$$\Delta\varphi^{pq}(i,j)=\frac{4\pi r_{\text{Geo}}(i,j)}{\lambda}\left[\Delta n(t_q)-\Delta n(t_p)\right]+\left[\varphi_{\text{Def}}^{q}(i,j)-\varphi_{\text{Def}}^{p}(i,j)\right]+\Delta\varphi_{\text{Noise}}^{pq}(i,j) \tag{5.5}$$

将式（5.5）改写成

$$\Delta\varphi^{pq}(i,j)=\left[\varphi_{\text{Atm}}^{q}(i,j)-\varphi_{\text{Atm}}^{p}(i,j)\right]+\left[\varphi_{\text{Def}}^{q}(i,j)-\varphi_{\text{Def}}^{p}(i,j)\right]+\Delta\varphi_{\text{Noise}}^{pq}(i,j) \tag{5.6}$$

式中，$\varphi_{\text{Atm}}^{p}(i,j)=\frac{4\pi r_{\text{Geo}}(i,j)}{\lambda}\Delta n(t_p)$ 为 p 时刻的大气延迟相位，与距离、波长和折射指数差有关。从式（5.6）中可以看出，地基 SAR 干涉相位除包含形变信息外，

还包含两次观测时大气不一致导致的大气延迟相位及噪声。在选择高质量的相干目标的情况下，噪声相位可以忽略，而大气延迟相位随大气环境的变化差异较大，必须予以去除。

大气延迟的复杂性表现为大气环境在时间和空间上的不断变化，这种变化在大的空间和时间尺度上表现出的大气环境差异非常明显；而在较小的空间范围内，可以认为大气环境具有较好的空间一致性，稳定点加权校正法即以此为基础，利用稳定像元的干涉相位推算雷达 LOS 向大气扰动因子，并考虑大气扰动方位向的相关性，根据距离加权推算非稳定像元大气扰动因子，从而推算出非稳定像元的变形信息。

设影像中有 C 个稳定像元 (i_c, j_c)，$c \in C$，即 $\varphi_{\mathrm{Def}}^{p}(i_c, j_c) = \varphi_{\mathrm{Def}}^{q}(i_c, j_c) = 0$，对于高质量相干像元，忽略相位噪声影响，则根据式（5.6）有

$$\Delta\varphi^{pq}(i_c, j_c) = \varphi_{\mathrm{Atm}}^{q}(i_c, j_c) - \varphi_{\mathrm{Atm}}^{p}(i_c, j_c) \tag{5.7}$$

设在较小的空间内雷达 LOS 向大气延迟满足：

$$\varphi_{\mathrm{Atm}}^{p}(i_c, j_c) = K_c^p r_{\mathrm{Geo}}(i_c, j_c) \tag{5.8}$$

式中，K_c^p 为单位长度的大气延迟量。若监测区域雷达 LOS 向大气延迟一致性较好，则对任意 $c \in C$，K_c^p 应近似相等。

$$\Delta\varphi^{pq}(i_c, j_c) = K_c^q r_{\mathrm{Geo}}(i_c, j_c) - K_c^p r_{\mathrm{Geo}}(i_c, j_c) \tag{5.9}$$

式（5.9）变换为

$$K_c^{pq} = K_c^q - K_c^p = \frac{\Delta\varphi^{pq}(i_c, j_c)}{r_{\mathrm{Geo}}(i_c, j_c)} \tag{5.10}$$

K_c^{pq} 反映了 p 到 q 时刻稳定点单位长度大气延迟量的变化，定义为大气扰动因子。同时定义

$$\mathrm{d}K = \max(K_c^{pq}) - \min(K_c^{pq}) \tag{5.11}$$

为大气扰动因子长度，该值反映了区域大气扰动的变化程度。当 $\mathrm{d}K$ 值较小时，说明各稳定点大气延迟变化较为一致；当 $\mathrm{d}K$ 值较大时，说明 p 到 q 时刻监测区域的大气延迟变化不均匀，某稳定点可能存在形变或受到干扰。为此，设定阈值 $\mathrm{d}K_{\mathrm{L}}$，若 $\mathrm{d}K > \mathrm{d}K_{\mathrm{L}}$，将 q 时刻影像去除。此时，考虑大气延迟在方位向的相关性，非稳定像元 (i, j) 的大气扰动因子根据其到剩余稳定像元的距离加权计算。

$$\bar{K}^{pq}(i, j) = \sum_{l=1}^{C'} P_l K_l^{pq} \tag{5.12}$$

式中，$P_l=(1/d_l)\Big/\sum_{c=1}^{C'}(1/d_c)$ 为稳定点 l（$l\in C'$）的加权因子，C' 为满足要求的稳定点集合。此时，雷达 LOS 向大气扰动校正精度为 $r_{\text{Geo}}(i,j)\bullet \mathrm{d}K_{\mathrm{L}}\Big/\sqrt{2}$，其中 D 为像元与雷达之间的距离。

5.4.2　稳定点加权大气校正实验

采用隔河岩地区连续模式 6 天采集的地基 SAR 数据，实验情况见 5.3.3 节（黄其欢等，2016b）。对相邻地基 SAR 影像进行干涉处理，利用相干系数和振幅离差指数法提取相干目标，根据大坝监测组提供的垂线及全站仪监测信息，首先选择稳定的相干点 GCP 1～3（分布可参考图 5.14）对其干涉相位进行分析（图 5.11），从图中可以看出：①相位变化量为–20～50mm，且以 1 天为周期波动。②从相位的波动幅度看，距离监测点越远，波动幅度越大。隔河岩大坝监测组提供的垂线监测数据表明，整个监测过程中坝体及高边坡变形量小于 1mm，由于高相干像元的相位噪声可以忽略，根据式（5.7）可知，这种相位变化是由雷达 LOS 向大气延迟的变化引起的，干涉相位变化的日周期性反映了雷达 LOS 向大气延迟随气温、气压及相对湿度的变化而变化，这种变化最大可达 75mm。

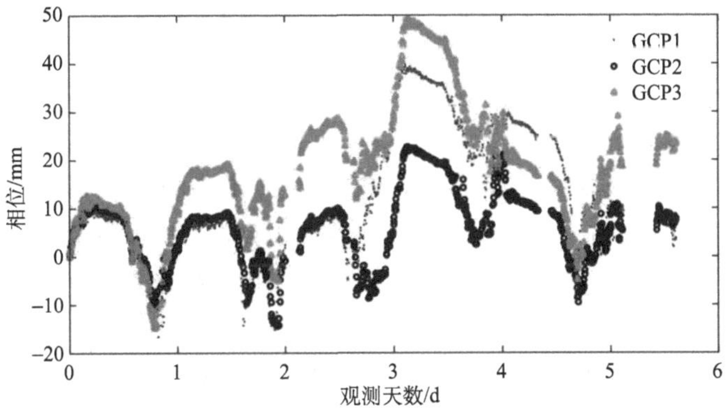

图 5.11　GCP 1～3 干涉相位时间序列

将 GCP 1～3 作为稳定点，采用稳定点加权法进行大气延迟校正，获取的大气扰动因子及其长度分别如图 5.12 和图 5.13 所示。取 $K_{\mathrm{GCP}}=0.002$，共去除 98 幅地基 SAR 影像，占总影像数的 7.4%。图 5.14 为大气延迟校正后获取的经时空滤波处理后的累计形变分布图。

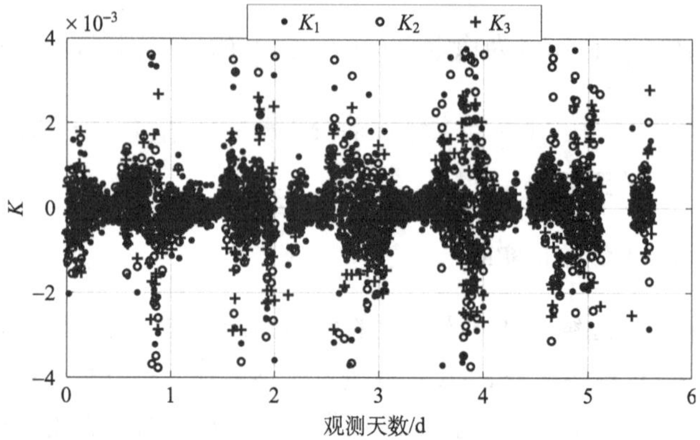

图 5.12　大气扰动因子

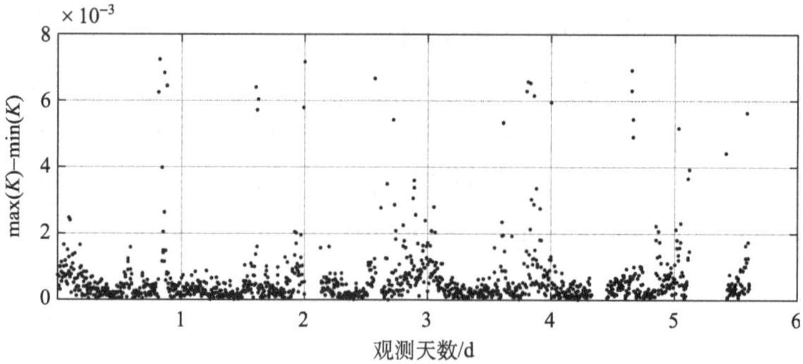

图 5.13　大气扰动因子长度

为检验监测大气延迟的消除效果，选择图 5.14 中的 8 个像元点进行时间序列分析，其中 P_1～P_4 位于大坝中段，P_5～P_7 位于高边坡的不同高程处，P_8 位于发电厂处。图 5.15 中黑色曲线展示了各点的雷达 LOS 向形变时间序列，灰色曲线为增加了控制点 GCP4 和 GCP5 后的变形结果。

从图 5.15 可以看出：①形变值噪声较大，不能仅从单个时刻的形变值直接获取形变累计值，利用时间域上的平滑值来反映累计形变量更为合理；②大气延迟消除效果较为明显，所有像元均未发生趋势性形变，但部分像元形变值波动较大，且具有一定的周期性；③从形变的波动幅度看，距离控制点较近且雷达视线距离水面较高时，校正效果较好，但 P_6 在 3.6d 处有明显跳变，这可能是相位解缠错误；④监测目标的雷达 LOS 向距离越远，监测效果越差；⑤增加控制点后，大气校正效果明显改善，特别是距离控制点近的点的变形监测精度明显提高，如 P_5 和 P_8；⑥增加控制点的数量有利于纠正相位解缠的错误，如 P_3 和 P_6。

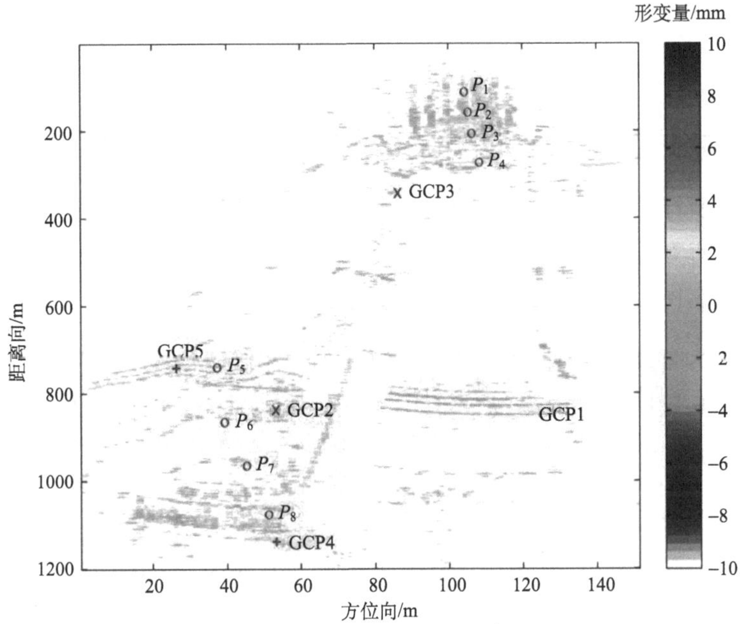

图 5.14　大气延迟校正后获取的经时空滤波处理后的累计形变分布图（单位：mm）

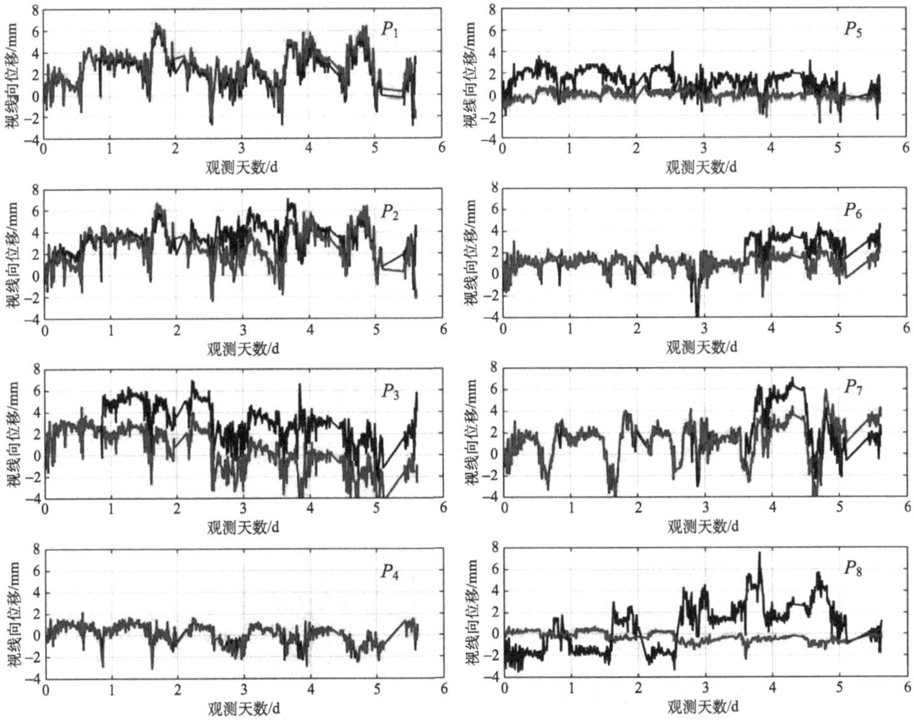

图 5.15　P_1～P_8 雷达 LOS 向形变时间序列

5.5　地基雷达变形监测应用研究

5.5.1　南京眼步行桥环境振动监测研究

南京眼步行桥是长江上首座观光步行桥，是一座双塔双索斜拉桥，起点位于江苏省南京市青奥体育公园内，终点在江心洲青奥森林公园内，是南京新的地标性建筑（图 5.16）。

图 5.16　南京眼步行桥实景图

实验利用地基雷达 IBIS-S 系统分别在四个位置上对南京眼步行桥斜拉索和索塔进行了观测（图 5.17）。IBIS-S 系统对拉索进行动态监测，设定的距离向分辨率为 0.5m，最远观测距离为 150m，数据采样频率为 75Hz。

图 5.17　IBIS-S 系统观测斜拉索及索塔示意图

在 IBIS-S 系统对南京眼步行桥的斜拉索进行动态观测过程中，雷达传感器发射的电磁波依次被从近到远的斜拉索返回，雷达到每个拉索的距离处有一个强返回信号。首先，根据各个分辨单元的热信噪比来选取回波信号比较强的分辨单元；然后，IBIS-S 系统根据设定的距离向分辨率，计算出每一个强反射信号是来自哪根斜拉索的回波信号，如图 5.18 所示。

获得每个斜拉索相对应的分辨单元后，对变形比较明显而且受到静杂波影响的分辨单元进行静杂波去除处理，以 78 号分辨单元为例进行静杂波相位分量去除前后对比，如图 5.19 所示。

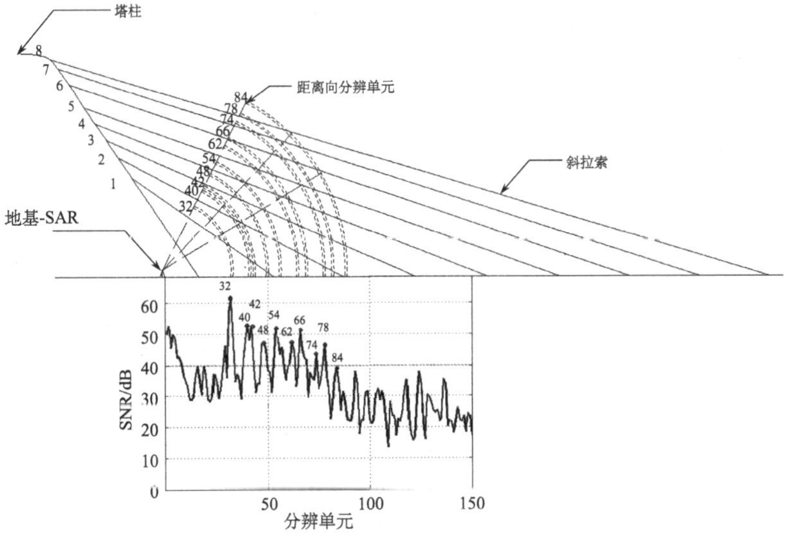

图 5.18　斜拉索观测及反射信号

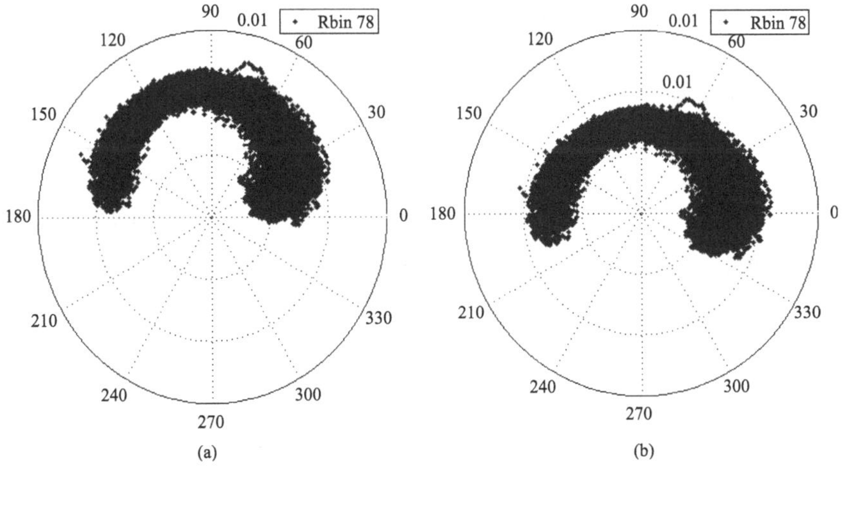

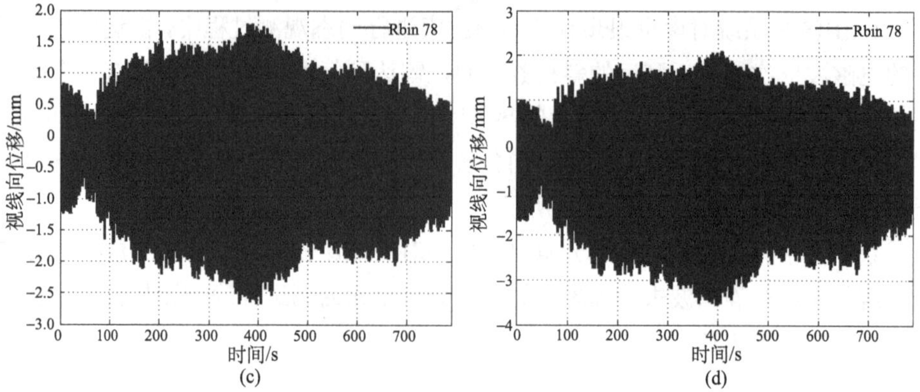

图 5.19　78 号分辨单元信号静杂波相位分量去除前后对比图

去除静杂波相位分量后得到监测过程中各斜拉索的变形情况，由图 5.20 可以发现最长的 8 号斜拉索变形最厉害，而最短的 1 号斜拉索变形最小。

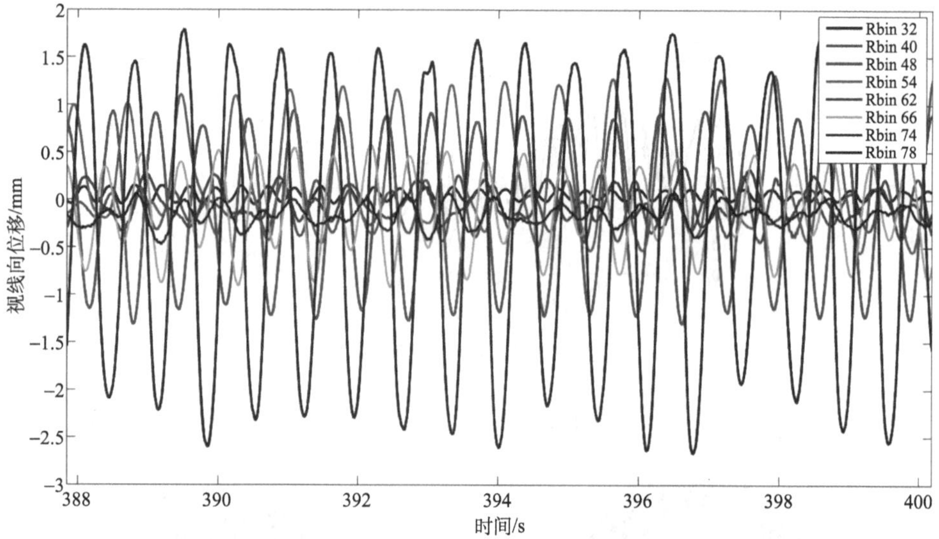

图 5.20　斜拉索在一个监测时间段内的变形情况

对每一个斜拉索对应的分辨单元进行频谱分析，8 根斜拉索频谱分析获得的主频如图 5.21 所示。

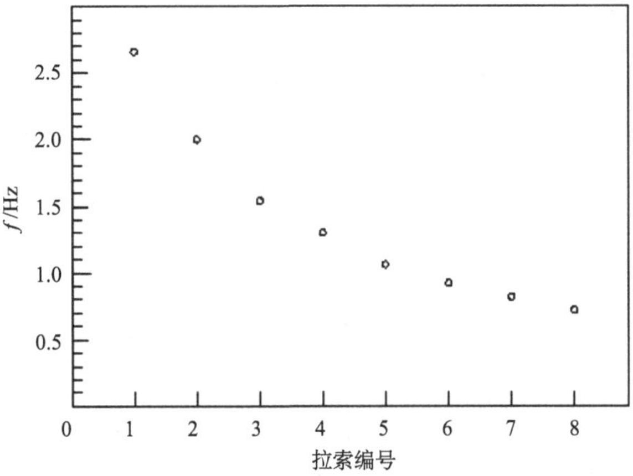

图 5.21　斜拉索主频

从图 5.21 可以发现，斜拉索振动频率随着拉索的变长而变低，也就是拉索越长，频率越低。理论上在索材料相同的情况下，桥梁拉索的频率与索长、索受到的拉力及索的截面面积相关。当索力相同时，索的频率与自振频率成反比，也就是索越短，频率越高；索越长，频率越低。因此实验变化规律和理论变化规律符合得很好，说明地基雷达 IBIS-S 系统识别出的振动频率具有相当高的准确性。

斜拉索作为步行桥的主要组成部分承载着桥梁受到的大部分荷载，斜拉索的安全直接影响着步行桥的安全运营，所以对斜拉索的安全评价成为至关重要的任务。现阶段主要通过斜拉索张力的检测来对斜拉索的损伤情况进行安全评价（朱劲松和肖汝诚，2006）。工程中采用振动法测量拉索张力时，首先必须准确地测量拉索的振动频率。一般通过在环境激励或人工作用下采集来自斜拉索的振动信号，对信号进行处理和分析得到相应的频谱图，再根据频谱图获取斜拉索的振动频率。有了振动频率就可以根据拉索张力和振动频率间的关系计算得到待测斜拉索的张力。由此可见，利用 IBIS-S 系统对斜拉桥进行动态监测不仅可以从变形情况进行安全评价，还可以从环境振动频率着手对桥梁的安全进行全面的评估。斜拉索张力和振动频率有如下计算关系：

$$T = 4L^2\rho\left(\frac{f_n}{n}\right)^2 \tag{5.13}$$

式中，T 为拉索张力；L 为拉索索长；ρ 为拉索单位长度的质量；f_n 是拉索第 n 阶频率；n 为频率阶数。

对 8 根斜拉索和索塔连接处的数据、索塔另一边的主斜拉索的数据、主斜拉索和索塔连接处的数据进行处理同样利用上述处理方法。这一系列处理过程总结为以下几个步骤：

（1）根据观测数据获得分辨单元热信噪比，选取回波信号比较强的分辨单元。

（2）根据观测几何关系筛选出需要分析的目标单元，以此作为分辨单元 Bin。

（3）把待分析的分辨单元相位表示在极坐标系中，判断出该分辨单元是否受静杂波相位分量的影响，进行静杂波的去除处理。

（4）根据观测时间内的变形时间序列图，进行变形分析及安全评估。

（5）按照变形监测的需要对数据进行处理，获得相应的频谱图，对观测目标加以分析。

通过上述步骤和方法分别获得了 8 根斜拉索和索塔连接处的前 8 阶振动频率，主斜拉索的前 7 阶振动频率，分别如表 5.4 和表 5.5 所示。获得了主斜拉索和索塔连接处的前 5 阶振动频率，如表 5.6 所示。从表 5.4～表 5.6 可以发现，在不同时刻观测桥梁不同位置时，环境激励的振动频率中有些振动频率是一样的，只不过在每段观测时间内被激励的各阶振动频率是有差异的。由此可以看出 IBIS-S 系统提取出了桥梁在环境振动激励下的多阶振动频率。

表 5.4　8 根斜拉索和索塔连接处前 8 阶振动频率

频率阶数	1	2	3	4	5	6	7	8
频率值/Hz	0.72	0.78	0.80	0.92	1.30	1.56	1.82	2.86

表 5.5　主斜拉索前 7 阶振动频率

频率阶数	1	2	3	4	5	6	7
频率值/Hz	0.72	1.44	1.52	2.16	2.54	3.02	3.54

表 5.6　主斜拉索和索塔连接处前 5 阶振动频率

频率阶数	1	2	3	4	5
频率值/Hz	0.82	1.30	1.44	1.56	3.48

5.5.2　大坝变形监测应用研究

1. 地基 SAR 数据采集

隔河岩大坝为“上重下拱”的重力拱坝，坝顶高程为 206m，最大坝高为 151m，坝顶弧长为 648m；溢流段位于坝的中部，共设 7 个表孔、4 个深孔和 2 个放空兼导流底孔，表孔堰顶高程为181.8m，尺寸为12m×18.2m；深孔孔底高程为134m，尺寸为4.5m×6.5m；底孔孔底高程为95m，尺寸为4.5m×6.5m，各孔口均用弧形闸门控制操作。电站厂房位于右岸河滩阶地上；左岸是300t级垂直升船机，中间错船渠长400m，宽30m（黄其欢和张理想，2011；黄其欢等，2016b）。

IBIS-L系统采集点位于大坝下游左岸1300m处，采用连续监测模式，时间从2013年7月27日20时到8月2日11时，历时5天14小时48分钟。数据采集范围为方位向–45°～45°，距离向0～1299.8m，方位向和距离向分辨率分别为0.252°和0.50m，共获取地基SAR影像1330幅（图5.22）。

图5.22 IBIS-L系统数据采集

2. 数据处理与分析

考虑到方位向分辨率与距离有关，将原SAR影像用极坐标表示，图5.23为地基SAR能量均值图。从图中可以清晰地解译出坝体①及7个表孔，以及右岸电站和边坡阶梯②，左岸升船机及错船渠④，也能清楚地看出，位于大坝下游的4排锚桩③反射信号明显。图5.24为影像局部放大图。

变形监测干涉处理采用直连组合方式获取干涉图，如图5.25所示。数据处理时像元选择的质量控制标准为：热噪声信噪比>15.0dB，估计信噪比>10.0dB，时间相干系数>0.50，相位稳定系数>0.5。由于影像之间的干涉基线为0，所以干涉相位包含了监测目标雷达LOS向的形变、大气延迟误差及观测噪声。

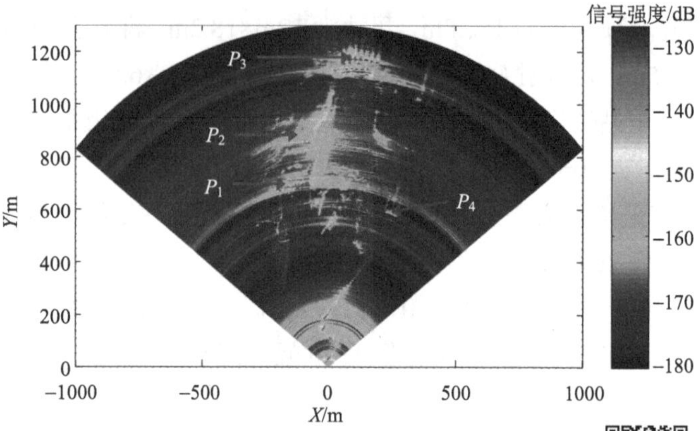

图 5.23　监测区域地基 SAR 能量均值图

图 5.24　地基 SAR 影像局部放大图

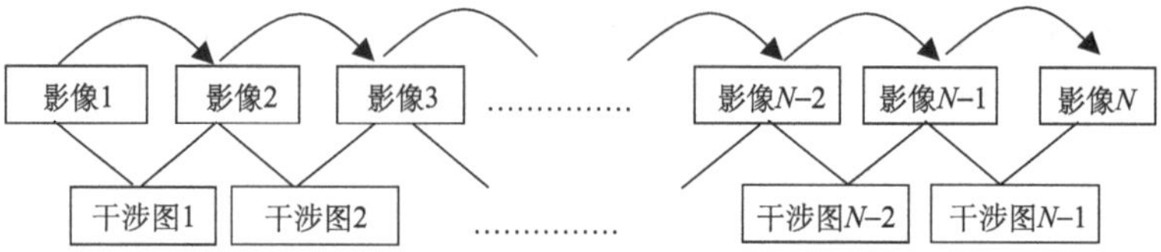

图 5.25　地基 SAR 影像直连组合干涉方式

根据隔河岩大坝监测组提供的大坝中部 15 号坝段 PL15 垂线的监测数据，整个监测过程中坝体变形量很小，由于在变形分析中采用了高质量的像元，可以忽略相位噪声对结果的影响。考虑大气延迟相位在雷达 LOS 向的一致性，选择稳定区域高相干的像元作为参考点，将其他像元与参考点求差以消除大气影响。为此在大坝右岸靠近坝体的基岩处选取高相干像元 *R* 作为参考点。图 5.26 显示了去除大气影响后部分像元的变形时间序列，其中 Pt1、Pt6、Pt12 位于坝体上，Pt3、Pt8、Pt14 位于表孔泄洪闸上。

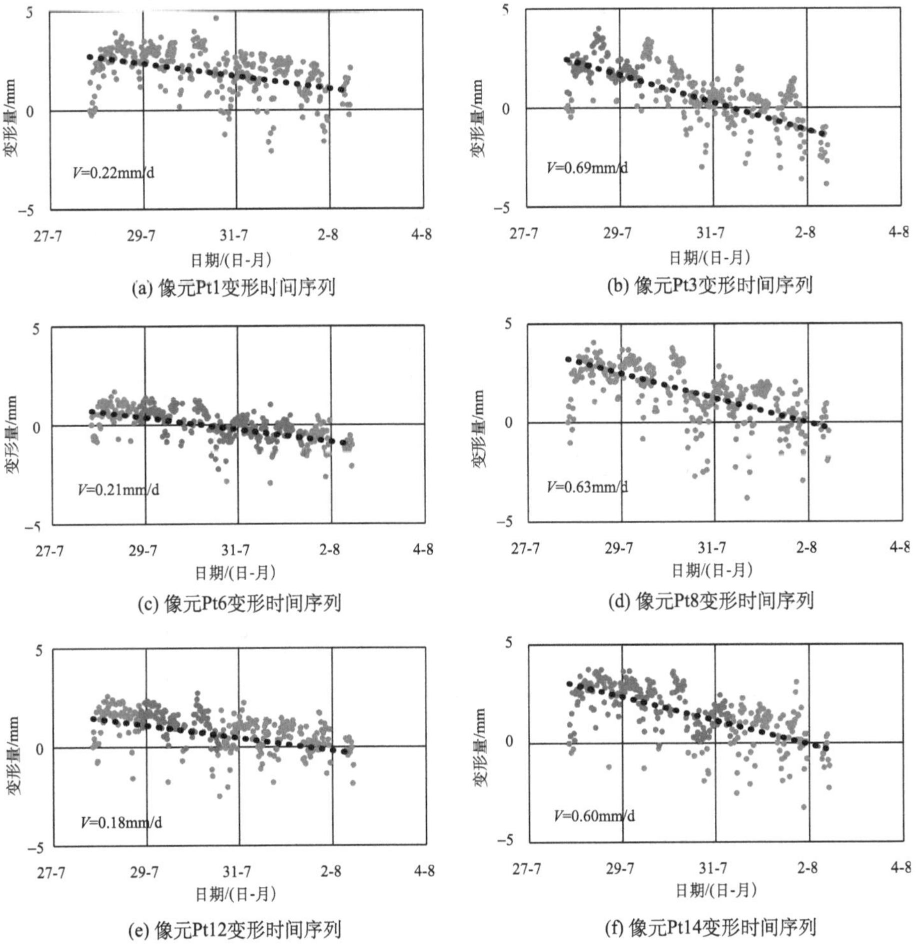

(a) 像元Pt1变形时间序列　(b) 像元Pt3变形时间序列

(c) 像元Pt6变形时间序列　(d) 像元Pt8变形时间序列

(e) 像元Pt12变形时间序列　(f) 像元Pt14变形时间序列

图 5.26　地基 SAR 监测的坝体及表孔排水闸变形时间序列

从图 5.26 可以看出：①大气延迟相位消除明显；②所有点位都存在沿水流向的径向位移，且水位上升时，径向位移向下游增大；③坝体上点位的变形速率在

0.2mm/d 左右，明显小于表孔内泄水闸 0.6mm/d 的变形速率，这说明水位上升时，表孔泄水闸发生了相对较大的变形；④6 天的监测时间内坝体总体变形约为 1.2mm，坝体形变速率与垂线监测速率（0.197mm/d）结果相当，如图 5.27 所示；⑤变形序列中还存在较小的周期性大气扰动。

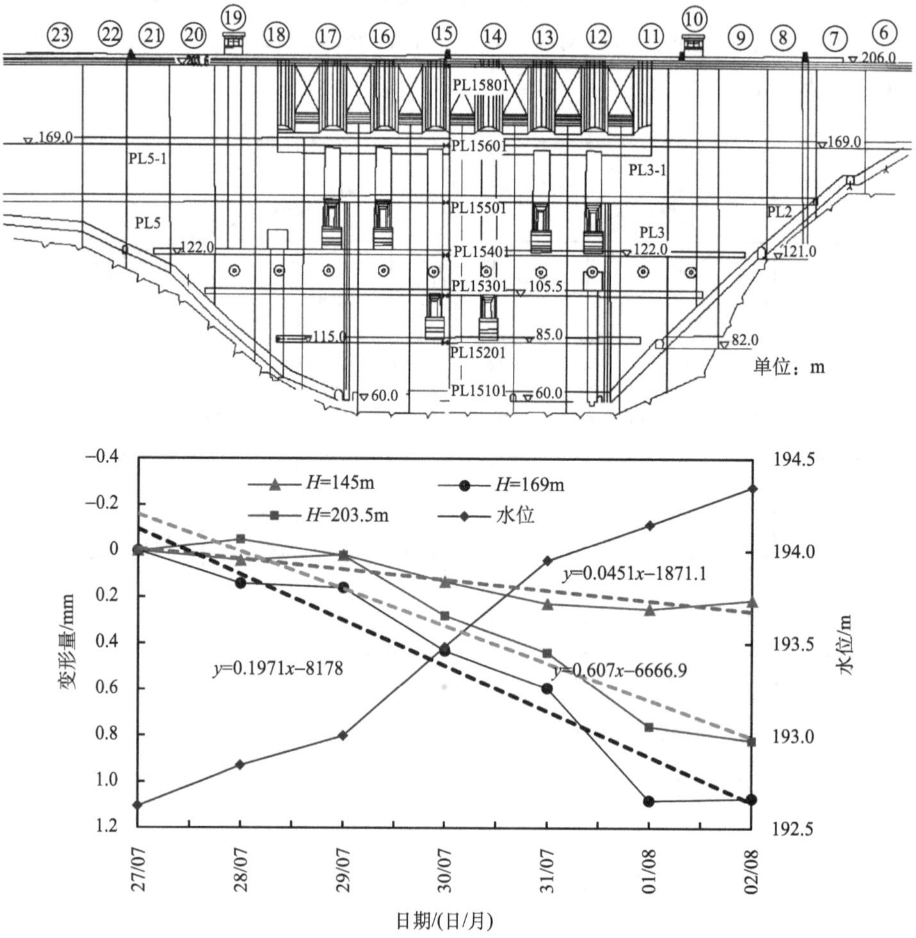

图 5.27　坝中部 PL15 垂线径向变形与水位关系

5.6　小　　结

本章深入研究了地基雷达的精度和数据处理方法，较好地解决了影响该技术在变形监测实际应用中的瓶颈问题：

（1）利用千分表、可量测移动角反射器，通过设计实验，研究了地基 SAR 变形监测的精度问题，指出 IBIS 系统能监测出 0.1mm 的目标位移；对 IBIS 系统进行静杂波相位分量去除，有利于提高系统变形监测的精度。

（2）SAR 干涉变形监测技术的关键是提取卫星影像中的相干目标像元，本章发展了基于海量 SAR 影像的相干目标提取方法，该方法可以从星载或地基 SAR 影像中选取高质量的相干像元，解决了地基 SAR 变形监测技术相干像元的选取问题，提高了该技术变形监测的可靠性。

（3）针对山区高边坡气象条件复杂、大气延迟相位对地基 SAR 变形监测精度影像大的问题，本章提出基于稳定点加权的地基 SAR 大气延迟相位校正方法，该方法通过稳定点加权的方法，建立地基 SAR 大气延迟相位校正模型，有效地提高了大气延迟相位校正的精度，解决了山区复杂气象条件下地基 SAR 变形监测精度受大气影响的问题，为地基 SAR 干涉技术在复杂气象条件下的推广应用提供了技术保障。

（4）为解决传统大坝与边坡变形监测方法仅能获取点变形信息且周期长、劳动强度大的问题，将地基 SAR 变形监测新技术用于大坝和边坡变形监测，研究了地基 SAR 变形监测系统及成像特点，建立利用稳定参考点进行大气校正的数学模型，并将该系统用于清江隔河岩大坝及高边坡变形监测，获取了整个大坝和高边坡连续的变形信息，提高了变形监测的时空分辨率，解决了传统变形监测的时空不连续问题。

参考文献

陈强, 刘国祥, 李永树, 等. 2006. 干涉雷达永久散射体自动探测——算法与实验结果. 测绘学报, 35(2): 112-117.

黄其欢, 付五洲, 岳建平, 等. 2016a. 海量时序地基 SAR 影像相干目标选取研究. 数据采集与处理, 31(6): 1199-1204.

黄其欢, 岳建平. 2015. 地基 InSAR 新技术及水利工程变形监测应用. 辽宁工程技术大学学报(自然科学版), 34(3): 386-389.

黄其欢, 岳建平. 2017. 基于稳定点加权的 GBSAR 大气扰动校正方法. 西南交通大学学报, 52(1): 202-208.

黄其欢, 岳建平, 贡建兵. 2016b. GBInSAR 隔河岩大坝变形监测试验. 水利水电科技进展, 36(3): 47-51.

黄其欢, 张理想. 2011. 基于 GBInSAR 技术的微变形监测系统及其在大坝变形监测中的应用. 水利水电科技进展, 31(3): 84-87.

王鹏, 周校. 2012. 地基 SAR 干涉测量原理及其形变监测应用研究. 测绘信息与工程, 37(4):

22-25.
王艳，廖明生，李德仁，等．2007．利用长时间序列相干目标获取地面沉降场．地球物理学报，50(2): 598-604.
徐亚明，王鹏，周校，等. 2013. 地基干涉雷达 IBIS-S 桥梁动态形变监测研究．武汉大学学报(信息科学版), 38(7): 844-849.
朱劲松，肖汝诚. 2006. 大跨度斜拉桥拉索安全性分析方法研究．土木工程学报, 39(9): 74-79.
Diao J P, Liang G S, 2011. Experimental study on monitoring displacement by ground-based radar. Science of Surveying and Mapping, 36(2): 62-64.
Gentile C. 2010. Deflection measurement on vibrating stay cables by non-contact microwave interferometer. Radar Technology, 43(3): 231-240.
Iannini L, Guarnieri A M. 2011. Atmospheric phase screen in ground-based radar: Statistics and compensation. IEEE Geoscience and Remote Sensing Letters, 8(3): 537-541.
Monserrat O. 2012. Deformation measurement and monitoring with Ground-Based SAR. Institute of Geomatics. Castelldefels, Spain.
Pieraccini M, Tarchi D, Rudolf H, et al. 2000. Interferometric radar for remote monitoring of building deformations. Electronics Letters, 36(6), 569-570.
Rödelsperger S, Läufer G, Gerstenecker C, 2010. Monitoring of displacements with ground-based microwave interferometry: IBIS-S and IBIS-L. Journal of Applied Geodesy, 4(1): 41-54.
Takahashi K, Matsumoto M, Sato M, et al. 2013. Continuous observation of natural disaster affected areas using ground-based SAR interferometry. Applied Earth Observations and Remote Sensing, 6(3): 1286-1294.
Touzi R, Lopes A, Bruniquel J, et al. 1999. Coherence estimation for SAR imagery. IEEE Transactions on Geoscience and Remote Sensing, 37: 135-149.
Touzi R, Lopes A. 1996. Statistics of the Stokes parameters and of the complex coherence parameters in one-look and multi-look speckle fields. IEEE Transactions on Geoscience and Remote Sensing, 34(2): 519-531.

第6章 总　　结

本书是作者近几年在雷达干涉测量变形监测研究中的较为系统的总结。第 1 章是对雷达干涉变形监测的文献综述；第 2 和第 3 章是对 SAR 基础理论和干涉变形监测的一些方法研究；第 4 章是星载 SAR 干涉应用于大型桥梁变形监测的一些总结；第 5 章是地基雷达，特别是 IBIS 系统，应用于静态和动态变形监测的研究与分析。通过近几年的努力，作者在星载和地基雷达干涉变形测量理论、方法和应用方面均取得了一定的成果。在星载干涉变形监测方面，较好地将星载 SAR 干涉技术用于大型桥梁的变形监测，并开创性地探索该技术用于大型结构健康监测的可能性；在地基雷达方面，作者在国内较早地开展了地基雷达变形监测研究，通过大量实验，包括静态变形监测和动态实时监测实验，在大坝变形监测和高耸建筑物振动监测方面也取得了一些进步和研究成果。总结全书，期望能启发对干涉变形监测技术的进一步研究。

（1）本书研究了星载合成孔径雷达差分干涉技术探测地表形变的原理以及差分干涉相位的组成，给出了 InSAR 形变监测的数据处理流程；研究了几种 InSAR 时间序列分析方法，重点研究了短基线 DInSAR 法探测地表形变的原理和算法，给出了利用奇异值分解法连接不同短基线组内差分干涉图的方法；对永久散射体差分干涉测量方法的原理和算法进行了研究，并就相干目标的提取问题进行了探讨，提出可用于在整个影像时间序列上进行相干像元选取的相干系数双阈值法，并实现了离散像元的解缠。

（2）本书对短基线 DInSAR 变形监测方法进行了扩展。为提高变形监测的精度和可靠性，考虑地表形变和大气延迟相位的空间相关性，建立了基于相干像元邻域差分短基线 InSAR 法提取线性和非线性形变的模型；同时考虑冗余差分干涉组网中干涉相位的闭合性特性，研究了 2D+1 维相位解缠方法，提高了相位解缠的精度和可靠性。

（3）本书基于 Sentinel-1A 卫星近 IW 模式雷达影像，采用 InSAR 时间序列分析法，对南京大胜关长江大桥纵向位移进行了监测和建模，主要结论有：①InSAR 时间序列分析法可获取桁架结构桥梁空间连续纵向位移，南京大胜关长江大桥纵向位移大小与温度密切相关。②在空间上，大桥纵向位移呈线性对称分布，距离 7#桥墩越远，位移越大，监测结果与桥梁和桥墩的连接方式一致；在时间上，大桥纵向位移随季节变化而变化，并以 7#桥墩为中心，随着温度升高/降低，向两岸膨胀/收缩。③InSAR 时间序列分析法对桥梁结构监测具有较高的精度，桥梁纵向位移与环境温度的建模结果与实测模型吻合较好。

（4）本书基于南京大胜关长江大桥时间序列 InSAR 变形监测结果，建立了该桥的变形模型，并分别基于桥梁活动支座位移和全桥变形，利用统计检验的方法，对大桥的健康状况进行了监测和分析。结果显示，在监测期间内，大桥支座工作良好，全桥未发现异常变形。

（5）本书利用千分表、可量测移动角反射器和电子全站仪，通过设计实验，研究了地基 SAR 变形监测的精度问题，指出 IBIS 系统能监测出 0.1mm 的目标位移；对 IBIS 系统进行静杂波相位分量的去除，有利于提高系统变形监测的精度。

（6）本书针对山区高边坡气象条件复杂，大气延迟相位对地基 SAR 变形监测精度影响大的问题，提出基于稳定点加权的地基 SAR 大气延迟相位校正方法。该方法通过稳定点加权的方法，建立地基 SAR 大气延迟相位校正模型，有效地提高了大气延迟相位校正的精度，解决了山区复杂气象条件下地基 SAR 变形监测精度受大气影响问题，为地基 SAR 干涉技术在复杂气象条件下的推广应用提供了技术保障。

（7）本书为解决传统大坝变形监测方法仅能获取点变形信息且周期长、劳动强度大的问题，将地基 SAR 变形监测新技术用于大坝变形监测，研究了地基 SAR 变形监测系统及成像特点，建立利用稳定参考点进行大气校正的数学模型，并将该系统用于清江隔河岩大坝变形监测，获取了整个大坝连续的变形信息，提高了变形监测的时空分辨率，解决了传统变形监测的时空不连续问题。

（8）本书研究了地基雷达振动监测的原理和方法，利用地基雷达对南京眼步行桥的拉索进行了振动监测，并利用频谱分析法研究了斜拉索在环境激励下的振动特性。

基于对全书的梳理，在此总结近几年研究的主要创新点：

（1）将星载合成孔径雷达干涉技术用于大型铁路桥梁变形监测，基于扩展 PSI 模型，对南京大胜关长江大桥主桥的变形特性进行了分析，指出该大桥的变形主要为环境温度变化引起的钢结构材料热膨胀变形，认为这种热膨胀变形主要发生在桥梁纵轴线上，并通过 LOS 向变形分解和现场桥梁支座处的位移结果对比分析，验证了 InSAR 变形监测结果。

（2）建立了两种南京大胜关长江大桥位移健康状态诊断的方法。一种是基于大桥活动支座处位移的健康状态诊断方法，另一种是基于全桥位移的健康状态诊断方法；这两种方法通过 InSAR 时间序列分析法获取大桥的变形模型，然后利用假设检验的方法对后续 SAR 监测结果进行统计检验，建立大桥变形的置信区间，从而判断大桥位移健康状态，实现对桥体变形状态的健康诊断。

（3）建立了一种基于稳定点加权的地基 SAR 大气延迟相位校正方法。清江隔河岩大坝变形监测实验表明，基于稳定点加权的大气相位校正方法有效提高了大气延迟相位校正的精度，解决了山区复杂气象条件下地基 SAR 变形监测精度受大气影响严重的问题。

本书对星载 SAR 和地基雷达变形监测理论和方法开展了较为深入的研究，并尝试将其应用于变形监测的工程实际，但还存在以下不足：

（1）在时间序列 InSAR 数据处理方面，仅对以多主影像为代表的短基线 InSAR 法和以单一主影像为代表的 PS-InSAR 进行了分析和探讨。当前，时间序列 InSAR 技术飞速发展，分布式目标逐步成为 InSAR 时间序列分析的研究热点。

（2）SAR 干涉变形监测仅能获取 LOS 向的变形信息，虽对干涉相位的组成及其分解做了一定的研究，但未涉及非 LOS 向变形信息提取的相关技术。近年来，为弥补 SAR 干涉仅能提取 LOS 向变形的缺陷，MAI 技术和偏移量跟踪（offset-tracking）技术得到深入研究，并广泛应用于地震、火山、冰川等三维变形测量中。

（3）星载 SAR 干涉桥梁时间序列分析仅在大型铁路桥梁上得到了较好的应用，公路桥梁的相关研究还有待进一步深入研究，而且相关应用有待进一步推广。

（4）SAR 干涉变形监测应用所采用的卫星数据相对单一。德国的 TerraSAR-X 雷达卫星已于 2007 年 6 月 15 日成功发射，它具有多种极化方式，且其雷达视角可以根据需要调整，影像最高分辨率可达到 1m；另外，TerraSAR-X 的姊妹星 TanDEM-X 与 TerraSAR-X 组成串行飞行模式，在两年半的时间内完成对全球的地形测量。其他高空间分辨率 SAR 系统如日本的 ALOS、加拿大的 RADARSAT-2、意大利的 COSMO-SkyMed 也已陆续投入使用，它们的最高空间分辨率分别可达 7m、3m、1m。其中 ALOS 提供 L 波段的 SAR 影像数据，COSMO-SkyMed 是由四颗卫星星座组成的 X 波段 SAR 阵列。令人振奋的是，目前，中国的 GF-3 卫星也可以获取 SAR 影像用于干涉测量。

（5）在地基雷达的振动监测方面，相关实验分析不够深入，需结合建筑的结构和材料等信息，对振动的特性等进行更为详细、深入的分析。

（6）缺乏星载 SAR 和地基雷达变形监测的融合研究。星载 SAR 和地基雷达变形监测各有优势和缺点，如何充分利用两者的优点，扬长避短，将两种监测方法进行融合，从而提高变形监测的精度和可靠性，进而提升利用干涉技术进行变形监测的适应性，是进一步研究的主要内容。

在过去的数十年间，合成孔径雷达干涉测量从数据获取、技术处理到应用都逐步走向成熟，其中最重要的是对合成孔径雷达干涉测量系统的全面了解，以及对各种不确定性因素的深入讨论，使得合成孔径雷达干涉测量在系统设计、模拟和验证等方面都有了很大改进。随着研究的不断深入、越来越多 SAR 卫星发射升空、越来越多的地基雷达设备投入市场，雷达干涉技术工程化应用中的一些问题也将逐步得到解决。